GRUNDLAGEN DER MAGNETISCHEN SIGNALSPEICHERUNG

III

ELEKTRONISCHES RECHNEN UND REGELN

Herausgegeben von

Prof. Dr. HANS FRÜHAUF · Prof. Dr. WILHELM KÄMMERER
Prof. Dr. KURT SCHRÖDER · Prof. Dr. HELMUT THIELE
Prof. Dr. HORST VÖLZ

Sonderband 9

GRUNDLAGEN DER MAGNETISCHEN SIGNALSPEICHERUNG
III

bearbeitet

von

HORST VÖLZ

AKADEMIE-VERLAG · BERLIN
1972

GRUNDLAGEN DER MAGNETISCHEN SIGNALSPEICHERUNG

BAND III

ANWENDUNG FÜR FERNSEHEN, FILM, MESSTECHNIK UND AKUSTIK SOWIE EINE GESCHICHTLICHE ENTWICKLUNG

VON

ERNST ALTRICHTER, GERHARD BODEN,
HEINZ LEHMANN, HORST VÖLZ

Mit 45 Abbildungen, 3 Tabellen und 1 Klapptafe

AKADEMIE-VERLAG · BERLIN
1972

Erschienen im Akademie-Verlag GmbH, 108 Berlin, Leipziger Straße 3–4

Lizenznummer: 202 · 100/417/71
Gesamtherstellung: VEB Druckerei „Thomas Müntzer", 582 Bad Langensalza
Bestellnummer: 761 529 9 (5583/III) · ES 20 K 2, K 3, K 6, 20 C 2
Printed in German Democratic Republic

VORWORT

In diesem Band werden die Magnetbandgeräte bezüglich ihrer Anwendung behandelt. Für die Videoaufzeichnung zeichnet Herr ALTRICHTER verantwortlich. Er dürfte vielen bereits durch sein leider nicht mehr erschienenes Buch „Magnetband" bekannt sein. Seine großen Kenntnisse und seine intensive Arbeit auf dem Gebiet der Videospeicherung konnten in diesem Kapitel leider nur einen kleinen Niederschlag finden.

Im zweiten Kapitel wird das meist etwas abseits liegende Gebiet der Magnetfilmtechnik kurz dargestellt. Für die Ausarbeitung konnte Herr BODEN gewonnen werden. Durch seine Tätigkeit im Studio für Spielfilme besitzt er auf diesem Gebiet umfangreiche Spezialkenntnisse.

Für die Meßwertspeicherung und Heimtontechnik wurden Ausarbeitungen von Herrn LEHMANN verwendet. Er war lange Zeit in der Entwicklungsstelle des VEB Meßgerätewerkes Zwönitz tätig.

Wird zu dieser Palette noch der bereits erschienene Band IV für die Digitalspeicherung hinzugezählt, so liegt jetzt eine fast lückenlose Beschreibung der Geräte für die Speicherung auf dem Magnetband vor. Sie wird theoretisch durch die bereits ebenfalls erschienenen Bände I, II und VI untermauert. Lediglich Band V, in dem Motoren und Getriebe behandelt werden, steht noch aus.

Auf Grund dieses Standes wurde diesem Band eine Geschichte der Magnetspeichertechnik angefügt. Sie zeigt, wie zum Teil in recht komplizierter Verflechtung die einzelnen Teilgebiete entstanden und sich weiterentwickelten. Für sie wurde ein besonderes Literaturverzeichnis angefügt, das einmal die Entwicklung belegen und zum anderen für die nicht speziell behandelten Gebiete zur Weiterführung und Vertiefung dienen soll.

Auch für diesen Band möchte der Herausgeber den Mitautoren und dem Verlagskollektiv recht herzlich danken.

H. VÖLZ

INHALTSVERZEICHNIS

1. Videospeichergeräte

Von Ernst Altrichter

1.1. Allgemeine Übersicht

1.1.1. Einführung

Es ist nicht verwunderlich, daß die manigfaltigen Vorteile der magnetischen Signalspeicherung auch zur Einführung dieses Prinzips auf dem Gebiet der Bildspeicherung führten. Obgleich Vorschläge für die Ausführung derartiger Speicher schon vor mehr als 50 Jahren niedergelegt wurden, ist eine technische Realisierung erst viel später möglich geworden. Zunächst nur für den Einsatz im Rahmen der Fernsehstudiotechnik entwickelt, sind heute Geräte für die magnetische Bildspeicherung daneben auf vielen anderen Gebieten, z. B. im industriellen Fernsehen, in der Röntgenmedizin, in der Raumfahrttechnik und nicht zuletzt auch bereits auf dem Sektor der Heimgeräte, eingeführt.

Der Komplex der magnetischen Speicherung von Videosignalen (es erfolgt bei den dynamischen Magnetspeichern immer erst eine Umwandlung des optischen Bildes in ein elektrisches Signal mit fernsehtechnischen Mitteln) umfaßt eine Fülle von Problemen der Elektronik, Regelungstechnik, Kinematik und Magnetik, um nur einige wesentliche Gebiete zu nennen. Davon soll in den folgenden Betrachtungen wiederum nur ein kleines Teilgebiet behandelt werden.

Die wesentlichen Vorteile eines derartigen Verfahrens im Rahmen der Fernsehtechnik lassen sich leicht aus der Analogie zur Magnettontechnik für die Schallspeicherung ableiten, und die Beziehungen zur Fernsehtechnik sind durch die Speicherung von Bild- und Synchronsignalen besonders eng und erlauben neue Möglichkeiten der Programmgestaltung. Das zum Bild gehörende Tonsignal kann ohne Schwierigkeiten synchron und mit hoher Qualität gespeichert werden. Auch die Speicherung von Signalen der Farbfernsehtechnik ist heute mit guter Qualität möglich sowohl auf dem Gebiet der Studiotechnik als auch bei Heim-Videospeichergeräten.

Die magnetische Bildspeicherung ist heute nicht nur ein interessantes Gebiet im Rahmen der Informationsspeicherung, sondern auch eine ökonomische Technik mit breiter Auswirkung und weiter Perspektive [1], [2], [3], [4], [5].

1.1.2. Forderungen an den Speicherkanal

Mit Hilfe der Fernsehtechnik werden die charakteristischen Merkmale eines optischen Bildes, die Leuchtdichte und der Farbwert im Falle des Farbfernsehens in einem festgelegten zeitlichen Rhythmus für jedes Bildelement in elektrische Signale umgewandelt und übertragen. Für die Übertragung und damit auch für den Speicher sind bestimmte Eigenschaften zu fordern, die eine möglichst originaltreue Wiedergabe des Bildes nach der Rückwandlung gewährleisten. Sie lassen sich im wesentlichen in Bedingungen für die Frequenzabhängigkeit von Amplitude und Gruppenlaufzeit, für die Linearität im Bereich der Bildsignale, für den Störabstand und für die richtige zeitliche Zuordnung der Bildelemente zusammenfassen.

Nach der europäischen Norm mit 625 Zeilen und 25 Bildern je Sekunde wird ein Frequenzband von 0 bis 5 MHz benutzt, das von einem idealen Speicher ohne Amplituden- und Phasenfehler zu übertragen ist. Für einen gerade noch befriedigenden Bildeindruck am Heimfernseher muß etwa die halbe Auflösung im Videobereich gefordert werden. Auf die Bedingungen für die zeitliche Zuordnung wird ausführlich im Abschn. 1.3 eingegangen.

Für die Speicher bildete zunächst das Frequenzband die größte Schwierigkeit. Obzwar eine Direktaufzeichnung im Hinblick auf den benötigten Frequenzumfang die günstigsten Voraussetzungen bieten würde, scheidet sie wegen der Übertragung tiefer Frequenzen, wegen der Linearitäts- und Amplitudenkonstanzforderungen aus. Sie wird nur bei Mehrkanalsystemen für den oberen Frequenzbereich benutzt, im allgemeinen aber wird die Videoinformation kodiert und von der Frequenzmodulation Gebrauch gemacht. Das erfordert zwar ein größeres Frequenzband für den Speicherkanal und erhöhten elektronischen Aufwand, man erzielt aber wesentlich günstigere Videoparameter, auch wenn bei dem benutzten speziellen Verfahren im wesentlichen nur das untere Seitenband übertragen wird. Zur übersichtlichen Kennzeichnung der Lage der Frequenzbereiche zeigt Abb. 1 den Speicherbereich, den Bereich der übertragenen Videofrequenzen und die Lage des statischen Hubes (Bereich zwischen dem Pegel des Synchronsignales und des Bild-Weißwertes) für drei Anwendungsfälle.

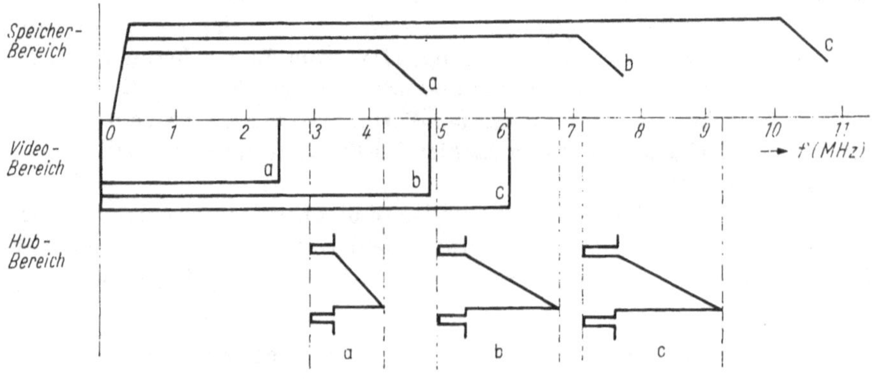

Abb. 1. Schematische Darstellung der Frequenzbereiche
a) Heimbildgeräte und kommerzielle Geräte geringer Auflösung
b) Studiogeräte für Schwarz-Weiß-Technik (Low-Band-Norm)
c) Studiogeräte für Farbe (High-Band-Norm)

Die erforderliche Relativgeschwindigkeit zwischen Magnetband und Magnetkopf ist direkt proportional der oberen Grenzfrequenz des Speicherbereiches

$$v_r = \lambda_{min} \cdot f_g ,$$

wobei die zugeordnete kleinste Wellenlänge durch die Eigenschaften der verwendeten Videoköpfe und Videobänder bestimmt ist und einen Grenzwert von etwa 3 μm aufweist. Die Verfahren zur Erzielung hoher Relativgeschwindigkeiten werden im Abschnitt 1.2 behandelt. Durch die Anwendung der Frequenzmodulation können die erzielbaren Werte für die Linearität und für den Störabstand weitgehend durch elektronische Mittel beeinflußt werden.

1.1.3. Grundsätzlicher Aufbau von Videospeichergeräten

Einrichtungen zur magnetischen Speicherung von Videosignalen weisen folgende Besonderheiten auf:

Das kinematische System ist komplizierter als bei Magnettongeräten, meist erfolgt eine zusätzliche Bewegung der Magnetköpfe.

Je nach Qualitätsforderung werden komplizierte elektronische Regelungssysteme angewendet.

Es wird ein spezielles Modulationssystem für die Übertragung des Videosignales verwendet.

Zur Veranschaulichung des Aufwandes wird in Abb. 2 und 3 der prinzipielle Aufbau eines Videospeichers für Heim- bzw. für Studioanwendungen dargestellt.

Im Blockschema Abb. 2 für ein Videospeichergerät nach dem Schrägrotationsverfahren (Abschnitt 1.2.2.) lassen sich drei Funktionsgruppen zusammenfassen. Der Tonkanal zur Aufzeichnung und Wiedergabe des Begleittones umfaßt elektronische Baueinheiten (*1*) zur Verstärkung und Entzerrung des

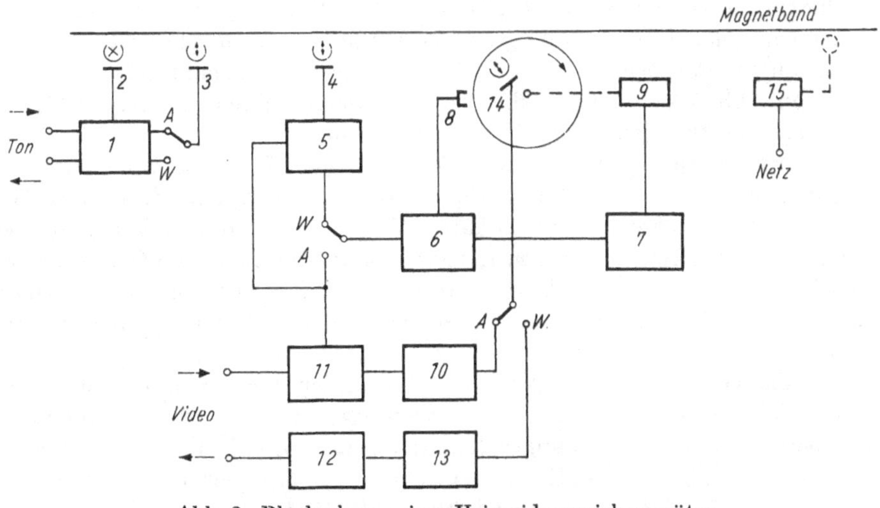

Abb. 2. Blockschema eines Heimvideospeichergerätes

Eingangs- und des vom Band kommenden NF-Signales sowie zur Erzeugung der Vormagnetisierungs- und Löschenergie und ist analog zu Schallspeichergeräten.

Der Videokanal wird in der Betriebsart „Aufzeichnung" gebildet aus dem Modulator (*11*) und dem Aufzeichnungsverstärker (*10*), der den Videokopf über Schleifringe oder rotierende Übertrager speist. Bei der Wiedergabe folgt der Verstärkereinheit (*13*) mit der notwendigen Entzerrung der Demodulator (*12*), der das Bildsignal mit den Synchronimpulsen (BAS-Signal) für die Bildwiedergabeeinrichtung liefert.

Während der Bandantriebsmotor (*15*) wie bei Magnettongeräten vom Netz gespeist wird, ist für den Antrieb der Kopftrommel mit dem Videokopf eine Regeleinrichtung erforderlich, die durch die dritte Funktionsgruppe dargestellt wird. Bei der Aufzeichnung wird dazu aus dem anliegenden BAS-Signal eine Impulsfolge abgeleitet, einer Phasenvergleichsschaltung (*6*) zugeführt und mit einer zweiten Impulsfolge verglichen, die mit Hilfe eines Gebers (*8*) von der Kopftrommelrotation abgeleitet wird. Die gebildete Regelspannung sorgt über den Motorverstärker (*7*) und den Kopftrommelmotor (*9*) dafür, daß die sich ergebende Informationslücke beim Übergang von einer Spur zur nächsten mit der Bildaustastung zusammenfällt bzw. an einer Stelle erfolgt, die keine sichtbare Bildstörung bei der Wiedergabe zur Folge hat. Gleichzeitig wird die von der Trommelrotation abgeleitete Impulsfolge über den Aufzeichnungsteil der Verstärkereinheit (*5*) und den Magnetkopf (*4*) auf einer am Rande des Magnetbandes angeordneten Regelspur als Längsaufzeichnung ohne Vormagnetisierung gespeichert. Der Wiedergabeprozeß läuft über die gleichen Funktionsgruppen, wobei für den Phasenvergleich die von der Regelspur abgetastete Impulsfolge nach Verstärkung in (*5*) benutzt wird.

Wesentlich aufwendiger ist der grundsätzliche Aufbau von Studio-Bildspeichergeräten, was in der Verwendung von vier Videoköpfen, in den durch den studiotechnischen Einsatz bedingten zusätzlichen Forderungen und schließlich in den höheren Forderungen hinsichtlich der Übertragungsparameter begründet ist. Auch Abb. 3 zeigt wieder die drei Funktionsgruppen mit der Elektronik für Tonsignale, Bildsignale und Regelungssystem.

Ein Tonkanal speichert den zum Bild gehörenden Begleitton, der zweite ist ein Hilfskanal, der z. B. zur Untermalung, Kommentierung oder Fremdsprachensynchronisation verwendet werden kann. Wegen der für diesen Kanal zur Verfügung stehenden Spurbreite von nur 0,5 mm werden nicht die Qualitätsparameter des Kanales für den Begleitton erreicht. Es wird analog zur Studio-Magnettontechnik während der Aufzeichnung hinter Band kontrolliert, also getrennte Aufzeichnungs- und Wiedergabeköpfe verwendet.

Im Bildkanal folgen in der Betriebsart „Aufzeichnung" dem Modulator (*13*) die Aufzeichnungsverstärker (*14*) und (*15*) für die vier Videoköpfe (*8*), die parallel gespeist werden. Entzerrungsmaßnahmen sind sowohl im Videobereich vor dem Modulator als auch im ZF-Kanal üblich. Die Modulation erfolgt im HF-Bereich (etwa 50 MHz) mit anschließender Umsetzung in den ZF-Aufzeich-

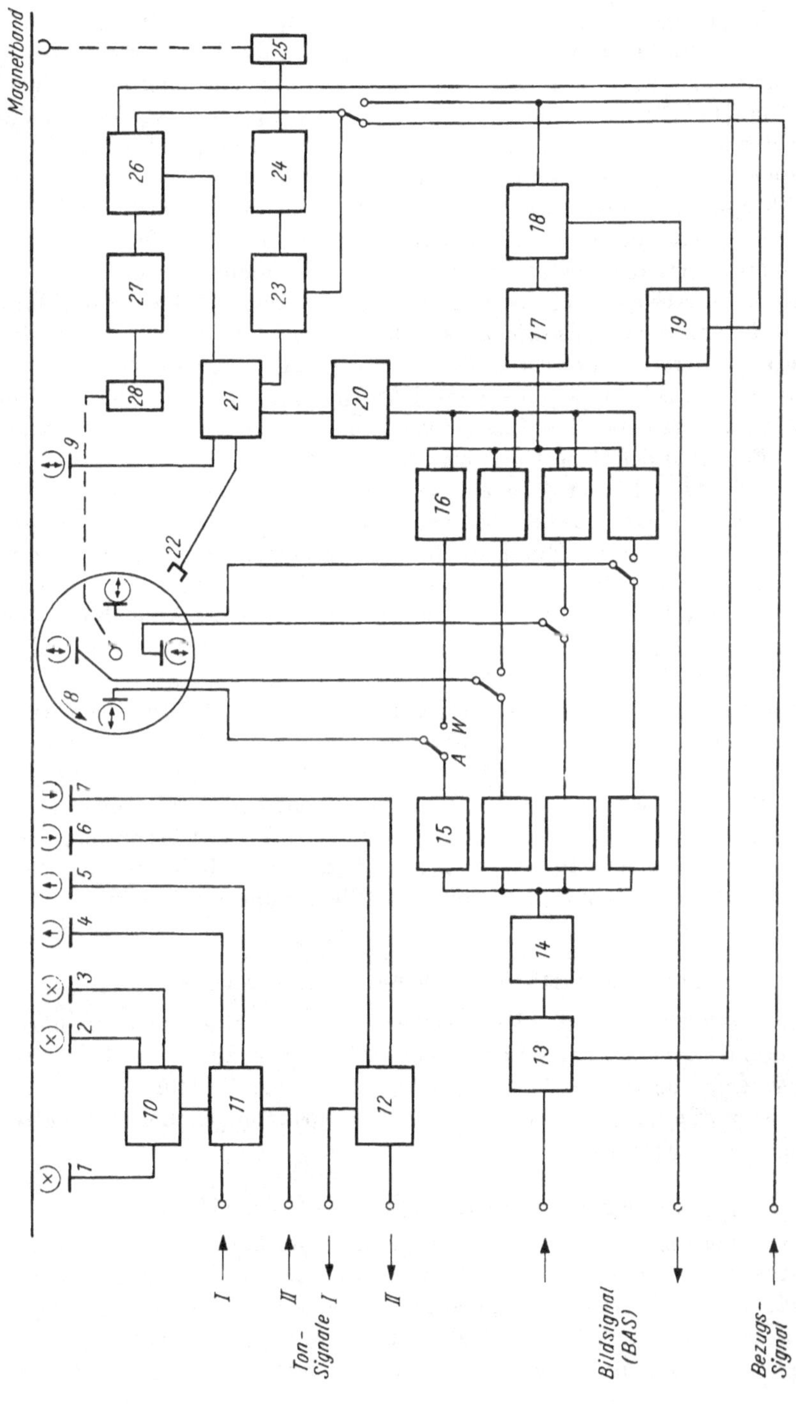

Abb. 3. Vereinfachtes Blockschema eines Speichergerätes für Fernsehstudios

nungsbereich. Bei der Wiedergabe werden die Signale der vier Videoköpfe zunächst verstärkt und entzerrt (*16*) und anschließend mit Hilfe eines elektronischen Schalters (*20*) so verkoppelt, daß wieder ein zeitkontinuierliches Signal entsteht. Damit die Umschaltung von einer Spur auf die nächste keine Bildstörung ergibt, wird der Schalter durch einen vom Synchronsignal für die Fernsehzeile abgeleiteten Impuls ausgelöst. Der Demodulation in (*17*) folgt eine elektronisch gesteuerte Laufzeitkette (*18*) zur Erzielung der geforderten hohen Zeitbasisgenauigkeit und schließlich ein Regenerierverstärker (*19*), der für die normgerechten Werte der Austastung und der Synchronimpulse sorgt.

Das Regelungssystem enthält die Baueinheiten (*23*) und (*26*) für die Regelung des Kopftrommelmotors (*28*) sowie des Bandantriebsmotors (*25*). Beide werden über Leistungsverstärker (*27*) bzw. (*24*) gespeist. Als Bezugsgröße dient im Normalfall bei Aufzeichnung eine vom BAS-Eingangssignal abgeleitete Impulsfolge, bei Wiedergabe eine Impulsfolge vom hochkonstanten Studiotaktgeber. Die Funktion des Gebers (*21*) und Regelspurkopfes (*9*) ist dabei ähnlich der anhand von Abb. 2 beschriebenen. Die besonderen Anforderungen, die zu einem erheblichen elektronischen Aufwand in derartigen Regelungssystemen führen, sind im wesentlichen durch die Bedingung bestimmt, daß Studiogeräte als gleichwertige Bildquellen im Fernsehbetrieb neben Kameras und anderen Bildgebern verwendet werden, also eine störungsfreie Überblendung und Mischung möglich sein muß. Dazu darf die Abweichung der Zeitbasis im wiedergegebenen Signal nicht größer als 100 ns sein.

Die Erweiterung der Videospeichergeräte für die Farbsignalspeicherung (FBAS-Signale) erfordert zusätzliche Einrichtungen, die von dem angewendeten Farbfernsehsystem abhängen. Geeignete Verfahren zur Übertragung von farbigen Bildern auf Heimgeräten sind z. B. das Pilottonträger-Verfahren [6] und das TRIPAL-Verfahren [7]. Bei Studiogeräten ist für die Übertragung von NTSC- und PAL-Signalen ein erheblicher elektronischer Mehraufwand erforderlich, während für SECAM-Signale einfachere Bedingungen gelten [8].

1.2. Besondere kinematische Probleme in Videospeichergeräten

Die Lösung der Probleme bei der Speicherung eines von einem Bildwandler erzeugten elektrischen Signales und seiner Wiedergabe auf dem Bildschirm eines Fernsehempfängers erfordert die Anwendung neuer Verfahren, wobei für die Transportwerke insbesondere die Frage der notwendigen hohen Relativgeschwindigkeit zu lösen ist.

1.2.1. Hochgeschwindigkeitsverfahren (HGV)

Die triviale Lösung besteht in der Anwendung einer hohen Geschwindigkeit des Magnetbandes bei Benutzung von Transportwerken der klassischen Technik. Dieses Verfahren wurde erstmals in Amerika für Studiobildspeicher angewendet, hat dann aber für dieses Gebiet an Bedeutung verloren und wird heute in zunehmendem Maße für preisgünstige Heimgeräte mit stark eingeschränkten

Qualitätsforderungen benutzt. Während die Bandgeschwindigkeiten für Studiogeräte zwischen 6 und 9 m/s lagen [9], [10], arbeiten Heimgeräte nach diesem Prinzip mit Bandgeschwindigkeiten von etwa 1,5 bis 3 m/s und meist unter Verwendung von 6,25 mm breitem Standard-Magnetband, wobei eine maximale Auflösung von 1 bis 2 MHz erreicht wird. Ein wesentlicher Nachteil ist die kurze Speicherzeit je Bandspule (etwa 15 Minuten), wobei allerdings die Möglichkeit der Unterbringung der Magnetspuren für Ton und Bild auf der halben Breite des Magnetbandes mit ausreichendem Störabstand besteht und so, analog der Magnettontechnik, die Programmzeit je Spule verdoppelt werden kann.

Wenn auch die Erzielung der geforderten Konstanz der Bandgeschwindigkeit (siehe Abschn. 3) bei der kinematischen Lösung einige Schwierigkeiten bereitet, so entfällt hier doch die kinematische Problematik bewegter Magnetköpfe, die einen bedeutenden Faktor bei der Preisbildung derartiger Geräte darstellt. Bei Videospeichergeräten nach diesem Prinzip kann vor allem durch den Einsatz neuer Magnetbänder mit extrem dünner Trägerfolie und verbesserten Speichereigenschaften bei kleinen Wellenlängen (z. B. Metallschichten) eine Verbesserung der technischen Parameter erzielt werden.

Es hat auch nicht an Versuchen gefehlt, mit Hilfe komplizierter elektronischer Verfahren über eine Frequenzumsetzung bei der Anwendung mehrerer Aufzeichnungsspuren zu einer verringerten Bandgeschwindigkeit zu gelangen. Die phasengerechte Wiederzusammensetzung zu einem kontinuierlichen Wiedergabesignal kann aber praktisch nicht mit der erforderlichen Genauigkeit realisiert werden, und es konnte sich eine technische Anwendung dieser Verfahren nicht durchsetzen [11].

1.2.2. Verfahren mit bewegten Magnetköpfen

Die größte Bedeutung für die Videosignalspeicherung haben Verfahren erlangt, bei welchen die erforderliche hohe Relativgeschwindigkeit durch die Anwendung eines mechanischen Zeitmultiplexes erzielt wird. Dabei werden außer dem Magnetband auch die für die Speicherung erforderlichen Magnetköpfe bewegt. Grundsätzlich ergeben sich für die Zuordnung der Bewegungen drei Möglichkeiten, die Abb. 4 darstellt. Sie sind charakterisiert durch die Lage der Rotationsebene der Magnetköpfe zur Richtung der Bandbewegung.

Alle Systeme weisen eine charakteristische Eigenschaft gegenüber dem klassischen Speicherverfahren auf. Es tritt eine zeitliche Unterteilung des Signales, bedingt durch den Wechsel des Kontaktes zwischen Magnetband und Magnet-

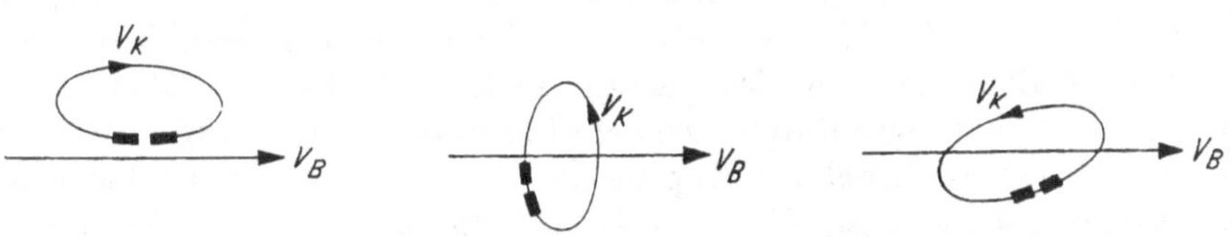

Abb. 4. Prinzipielle Anordnung bewegter Magnetköpfe

kopf, auf. Diese Störung der Zeitfunktion führt bei der Verwendung nur eines einzigen Magnetkopfes zu einem totalen Informationsausfall während einer bestimmten Zeit t_0 bzw. zur Notwendigkeit der Überlappung in einem bestimmten Zeitbereich $(t_2 - t_1)$ bei Anwendung mehrerer Magnetköpfe, wobei die zeitlich richtige Aneinanderreihung beim Wiedergabeprozeß durch einen elektronischen Umschaltvorgang erfolgen muß.

Längsrotierende Magnetköpfe (LRV)

Der Vorteil dieses Verfahrens liegt in der kinematisch einfachen Anordnung und in einer aus der Zuordnung zwischen Magnetkopf und Magnetband resultierenden günstigen Belastung des Magnetbandes in Richtung seiner Bewegung (Abb. 4a). Die Relativgeschwindigkeit v ist die Summe der Bandgeschwindigkeit v_B und der Geschwindigkeit v_K der Magnetköpfe. Wenn mehrere Köpfe mit untereinanderliegenden Spuren angewendet werden, verringert sich die notwendige Bandgeschwindigkeit proportional der Anzahl dieser Köpfe. Günstig liegen die Verhältnisse, wenn man auf hohe vertikale Auflösung des Bildes verzichtet, bei Aufzeichnung jeweils nur ein Halbbild speichert und dieses bei der Wiedergabe mehrmals abtastet.

Bei Videospeichergeräten nach diesem Verfahren kann eine größere Spurhöhe für das Videosignal benutzt werden, als es bei den anderen Verfahren mit bewegten Köpfen möglich ist. Da sowohl der mechanische als auch der elektronische Aufwand gegenüber den Schnelläufern größer ist, konnten sich derartige Geräte nicht durchsetzen [15], [16].

Schrägrotierende Magnetköpfe (SRV)

Videospeichergeräte mit schräg rotierenden Magnetköpfen sind dadurch gekennzeichnet, daß die Drehebene der Magnetköpfe einen kleinen Winkel von etwa 3° bis 6° mit der Bandlaufrichtung bildet. Je nach dem Konstruktionsprinzip ist die Achse der Drehebene geneigt oder das Magnetband läuft schräg auf die Führungstrommel auf. Diese Führungstrommel ist feststehend und unterteilt, wobei in dem Zwischenraum der oder die Magnetköpfe am Umfang einer Scheibe rotieren. Wegen der großen Umschlingung treten erhebliche Reibungsverluste auf. Bei hochpolierten Flächen der Führungstrommel wird ein Reibungskoeffizient von etwa 0,2 erzielt, und es würde sich bei 360° Umschlingung am ablaufenden Band etwa der 3fache Bandzug ergeben wie an der Anlaufseite. Praktisch bildet sich aber bei der hohen Umfangsgeschwindigkeit ein dünner Luftfilm zwischen Band und Trommel aus, und die Bandzugdifferenz wird geringer. Die Magnetköpfe auf der Drehscheibe müssen so angeordnet sein, daß sie sicher mit dem Magnetband in Kontakt bleiben. Man kann bei derartigen Einrichtungen durch geeignete Dimensionierung des Trommeldurchmessers und der Drehzahl der Kopfscheibe eine hohe Relativgeschwindigkeit bei geringer Bandgeschwindigkeit erzielen. Es sind mehrere Ausführungsformen bekannt, die sich im wesentlichen in zwei Gruppen einordnen lassen

(Abb. 5). Das Magnetband umschlingt die Führungstrommel entweder mit etwa 360° (*a*, *c*) oder mit etwas mehr als 180° (*b*). Hier sind für eine lückenlose Aufzeichnung zwei Magnetköpfe in der Drehscheibe notwendig. Bei der Ausführung *a* und *c* mit nur einem Magnetkopf tritt prinzipiell bei der Speicherung eine Informationslücke in dem Zeitpunkt auf, wo der Magnetkopf die untere Kante des Bandes verläßt und auf die benachbarte obere Kante überwechselt. Obgleich die Ω-Ausführung (Abb. 5a) den Nachteil einer größeren Ausfallzeit hat, ergibt sie doch wesentlich günstigere Bedingungen für die Bandführung.

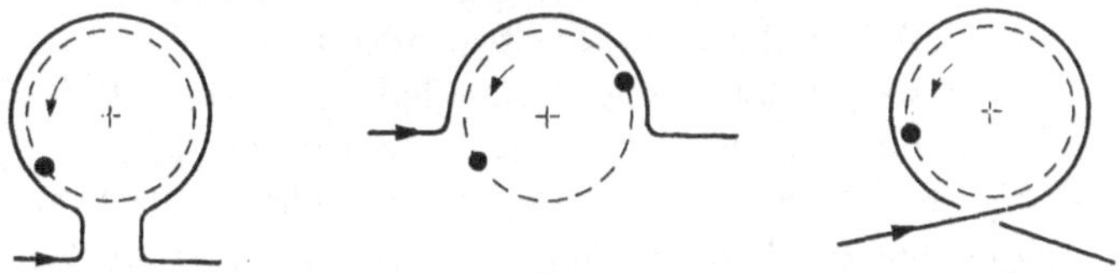

a) b) c)

Abb. 5. Bandlaufkonfigurationen beim Schrägrotationsverfahren

Man wählt die technischen Parameter der Anordnungen im allgemeinen so, daß einer Umdrehung der Kopfscheibe die Zeit eines Fernsehhalbbildes (nach der europäischen Norm 20 ms) entspricht. Dann ergibt sich nach Abb. 6 mit dem Spurschritt b_0 und mit der Breite des Videobandes B die erforderliche Bandgeschwindigkeit

$$V_B = \frac{l_b}{t_k} = \frac{b_o}{\sin\beta\, t_k}.$$

Der Zusammenhang zur Relativgeschwindigkeit v ist gegeben durch

$$V = V_B \frac{B}{b_o} \approx V_u = \pi D N$$

v_u Umfangsgeschwindigkeit der Kopfscheibe

D Durchmesser der Kopfscheibe

N sekundliche Drehzahl der Kopfscheibe

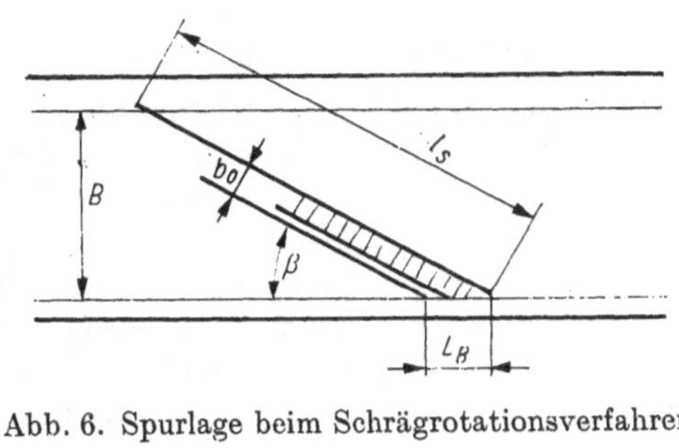

Abb. 6. Spurlage beim Schrägrotationsverfahren

und die Spurlänge wird

$$l_s \approx \left(1 \pm \frac{b_0}{B}\right)\pi D ,$$

wobei das positive Vorzeichen für eine Rotation des Videokopfes entgegen der Bandlaufrichtung gilt.

Der Spurabstand, der sich als Differenz von Spurschritt und Spurhöhe ergibt, ist durch Übersprechforderungen bestimmt. Er kann praktisch fast Null gemacht werden und damit eine Erhöhung der Informationsdichte je Flächeneinheit erzielt bzw. der Störabstand des gespeicherten Signals vergrößert werden, wenn bestimmte Beziehungen zwischen dem Durchmesser der Führungstrommel und der Bandgeschwindigkeit eingehalten werden [17]. Dann ergibt sich auf dem Band eine Magnetisierungsstruktur, bei der die Zeilensynchronimpulse benachbarter Spuren auf einer Geraden senkrecht zur Richtung der Videospur liegen, d. h., benachbarte Zeilen auf zwei Spuren enthalten stark korrelierte Informationen und ergeben keine Übersprechstörungen.

Geht man bei einem Heim-Videospeicher z. B. von einer oberen Grenzfrequenz von 6 MHz für den Speicherkanal aus, so ist die erforderliche Umfangsgeschwindigkeit etwa 18 m/s, und der Durchmesser der Führungstrommel bei der α-Technik wird 11,4 cm, wenn sich die Kopfscheibe mit 3000 Umdrehungen pro Minute dreht. Bei einem Spurschritt von 0,3 mm und Verwendung eines 1 Zoll breiten Bandes ergibt sich die notwendige Bandgeschwindigkeit zu 21,6 cm/s, und die Länge einer Videospur wird etwa 36 cm bei einem Neigungswinkel von 4°.

Für die vertikale Synchronisation wird das Bildsignal mit einer Dauer von etwa 20 Zeilen (1,3 ms) ausgetastet. Wird die Phase der rotierenden Kopfscheibe nun so mit dem V-Synchronimpuls geregelt, daß die Informationslücke im Zeitbereich der V-Austastung liegt, so ergibt sich am Bildschirm keine subjektive Störung. Soll ein derartiges Wiedergabesignal aber in Studioanlagen weiterverarbeitet werden, so ist ein erheblicher elektronischer Aufwand notwendig, um daraus wieder ein normgerechtes Signal zu formieren. Deshalb werden Videospeichergeräte dieser Type insbesondere für industrielle Anwendungen, für Ausbildungs- und Forschungszwecke und auch für Heimgeräte angewendet.

Dieser Nachteil der Einkopf-Videospeicher wird bei Anwendungen nach Abb. 5b vermieden, wenn man einen kleinen Überlappungsbereich für die sichere elektronische Umschaltung des Wiedergabesignales vom Kopf 1 auf den Kopf 2 vorsieht (etwa 2 bis 10 Fernsehzeilen). Bei den Zweikopf-Systemen ist der Videokopf nur während der halben Umlaufzeit mit dem Videoband in Kontakt, die Reibungsverhältnisse liegen günstiger und auch die Bandführung ist vereinfacht. Weiterhin ergeben sich einfachere Bedingungen für die Lagerung der oberen Hälfte der Führungstrommel. Dagegen wirkt sich die erforderliche Vergrößerung des Durchmessers dieser Trommel nachteilig aus.

Videospeichergeräte nach dem SRV ergeben den besonderen Vorteil der Anwendung des Halbbild-Verfahrens. Dabei wird jeweils nur ein Halbbild aufgezeichnet und bei der Wiedergabe durch zweimalige Abtastung wieder ein zeitkontinuierliches Signal hergestellt. Das führt selbst bei schnellen Bewegungsszenen wegen der Auflösungsgrenze des Gesichtsinnes noch zu keiner subjektiven Störung in Form von Flimmern. Mit diesem Verfahren kann man die erforderliche Bandgeschwindigkeit auf den halben Wert senken, was einen bedeutenden ökonom. Faktor, besonders bei Heimgeräten, darstellt. Ein zusätzlicher elektronischer Aufwand zur Anwendung dieses Verfahrens ist nur bei Systemen mit 360° Umschlingung erforderlich.

Prinzipiell kann man auch Schrägspur-Videospeicher mit größerem Neigungswinkel realisieren, wobei sich geringere Durchmesser der Führungstrommel ergeben. Neben den steigenden Schwierigkeiten der Bandführung treten dann insbesondere solche durch die Unterteilung des Bildsignales in mehrere Gruppen innerhalb eines Halbbildes auf, deren Auswirkung im nächsten Abschnitt erläutert wird, wodurch der wesentliche Vorteil des Schrägspurverfahrens verlorengeht.

Da die Magnetspuren mit geringer Neigung zur Bandlängsachse verlaufen, wirken sich bei diesen Systemen Dehnungserscheinungen als Folge klimatischer oder mechanischer Beanspruchung besonders stark aus. Klimatische Einwirkungen rufen sehr langsame Änderungen oder Schwankungen hervor, die durch eine Bandzugregelung leicht ausgeglichen werden können. Die mechanisch bedingten schnellen Schwankungen müssen durch geeignete kinematische Bauelemente auf einen möglichst geringen Wert begrenzt werden. Läßt man einen Zeitfehler von 1 µs zu, so ergibt sich die Forderung nach einer maximalen Dehnung aus

$$\frac{\Delta l}{l} = \frac{\Delta t}{t_k} = 5 \cdot 10^{-5}\,.$$

Bei Magnetbändern liegt die elastische Dehnung bei einer Belastung mit 1 kp bei etwa 0,1%. Unter dieser Belastung wäre hier also bereits eine Bandzugdifferenz von 2 *p* die zulässige Grenze. Allerdings wirken sich die Störungen nur an der oberen Bildbegrenzung im Wiedergabebild aus und ihre Wirkung hängt von der Dimensionierung der Schwungradschaltung im benutzten Fernsehempfänger ab. Zur Verringerung der durch Dehnungseffekte hervorgerufenen Zeitfehler sind bei derartigen Videospeichergeräten meist Bandzugregelsysteme notwendig.

Die Bandgeschwindigkeiten liegen bei Videospeichergeräten nach dem Schrägrotationsverfahren zwischen 10 und 30 cm/s bei Relativgeschwindigkeiten zwischen 16 und 25 m/s. Das ergibt eine maximale Videobandbreite von etwa 3 MHz [18], [19], [20], [21], [22], [23], [24], [25], [26].

Transversal rotierende Magnetköpfe (TRV)

Das erste Verfahren, mit dem eine befriedigende technische Lösung für die Aufzeichnung von Videosignalen realisiert wurde, ist das Transversalrotationsverfahren. Hier sind die Magnetköpfe auf einer Trommel angeordnet, deren Drehebene senkrecht zur Richtung der Bandlängsachse liegt. Die Bandgeschwindigkeit ist durch den kleinsten realisierbaren Spurschritt bestimmt. Da eine optimale Bandausnutzung angestrebt wird, muß eine möglichst geringe Spurhöhe und Spurlücke erzielt werden, und der Winkel zwischen der Spurrichtung und der Bandlängsachse hat annähernd 90°. Dann kann $v_u \approx v$ gesetzt werden, wobei die Relativgeschwindigkeit durch die erforderliche obere Grenzfrequenz des Signales im Speicherkanal bestimmt ist. Der notwendige Trommeldurchmesser (bzw. die diametrale Entfernung der Spiegelflächen gegenüberliegender Magnetköpfe) ergibt sich aus

$$D = \frac{V\,n}{\pi\,N},$$

und die Bandgeschwindigkeit wird

$V_B = b_0 \cdot n \cdot N$ (n Zahl der Videoköpfe).

Die notwendige Breite des Magnetbandes folgt aus

$$B = \frac{\pi D}{n} + (b_2 + b_{ü}),$$

wobei $(b_z + b_{ü})$ den zusätzlichen Bedarf an Breite für die notwendige Überlappung der Videospuren beim Übergang zwischen zwei Köpfen und für die Speicherung der Signale des Begleittones sowie spezieller Regelsignale darstellt.

Das Transversalrotationsverfahren ist wegen seiner bisher optimalen Qualitätsparameter bereits weitgehend international standardisiert. Dabei sind für die europäische Fernsehnorm folgende Parameter eingeführt: $n = 4$, $N = 250\,U$ pro s, $b_0 = 0{,}397$ mm (Spurhöhe 0,254 mm). Daraus ergibt sich eine Bandgeschwindigkeit von 39,7 cm/s für das standardisierte Zwei-Zoll-Videoband. Mit der Relativgeschwindigkeit von etwa 41 m/s läßt sich eine obere Grenzfrequenz des Speicherkanales von über 10 MHz erreichen. Damit sind günstige Voraussetzungen für das Modulationssystem gegeben, und die volle Videobandbreite kann übertragen werden.

Dieses Verfahren erfordert eine besondere Art der Bandführung, da gleiche Band-Kopf-Kontaktbedingungen über die gesamte Breite geschaffen werden müssen. Vor der Kopftrommel wird deshalb ein geschlitzter konkaver Führungsschuh angeordnet, an den durch Unterdruck das Magnetband angesaugt wird. Die Polspitzen der Videoköpfe führen beim Vorbeilauf zu einer elastischen Verformung des Magnetbandes, wobei die Eindrücktiefe etwa 50 μm beträgt.

Bei dem Vierkopf-TRV wird von einer Videospur im Wiedergabefall ein Zeitbereich von 16 Fernsehzeilen abgetastet, d. h., das Fernsehbild wird in eine Reihe horizontaler Streifen (Kopfbänder) zerlegt. Die Wiederzusammensetzung des Signales erfordert einen erheblichen elektronischen Aufwand, da der Umschaltvorgang im Bild nicht sichtbar sein darf. Die Eigenschaften der vier Videoköpfe und der angeschlossenen elektronischen Baueinheiten müssen eng toleriert sein, damit nicht durch unterschiedliches Frequenzgang- und Phasenverhalten sowie durch unterschiedliche Störabstände in den einzelnen Kanälen störende Streifenmuster auf dem Bildschirm erkennbar werden. Weiterhin entstehen bei einem derartigen Verfahren typische Zeitfehler, deren Beschränkung auf das zulässige Maß an die Präzision der feinwerktechnischen Bauelemente große Anforderungen stellt und weitere elektronische Korrekturmaßnahmen erfordert (siehe Abbschn. 3.2.) [4], [29], [30], [31], [32].

1.2.3. Grundsätzlicher Aufbau der Transportsysteme

Es gibt eine große Zahl möglicher Ausführungsformen und praktisch eingeschlagener Lösungswege für die Transportsysteme der genannten Verfahren. In Abb. 7 sind die wesentlichen Baugruppen in verschiedenen Anordnungen dargestellt. Das Beispiel a entspricht praktisch dem klassischen Aufbau von Magnetton-Transportwerken, während b, c und d zusätzliche Funktionsgruppen zeigen, die für die Videosignalspeicherung typisch sind.

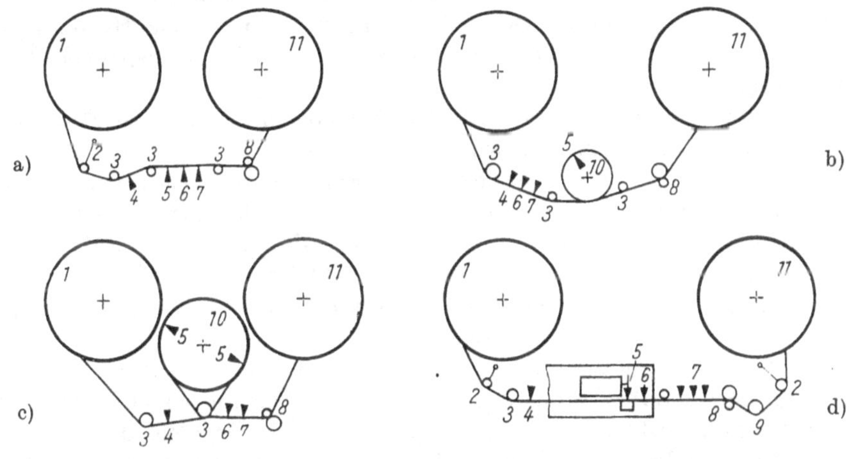

Abb. 7. Transportsysteme
a) Hochgeschwindigkeitsverfahren
b) Schrägrotationsverfahren mit α-Umschlingung
c) Schrägrotationsverfahren mit Ω-Umschlingung
d) Transversalrotationsverfahren
Es bedeuten: *1* = Abwickelspule; *2* = Bandspanner; *3* = Bandführung; *4* = Hauptlöschkopf; *5* = Videokopf; *6* = Regelspurkopf; *7* = Tonkopf; *8* = Antriebselemente; *9* = Zählwerk; *10* = Kopftrommel; *11* = Abwickelspule

Die Auf- und Abwickelspulen (*1*, *11*) bestehen jeweils aus einem Kern und den Spulenflanschen. Für 2″-Band werden ausschließlich Präzisionsspulen mit metallischen Flanschen verwendet, bei Videobändern mit 1″ oder geringerer Breite abgewandelte Ausführungen der Präzisionsspulen oder Kunststoffspulen mit entsprechend geringen Toleranzen. Im Hinblick auf die große Masse der Bandspulen (sie beträgt z. B. für eine Spule mit 96 Minuten Programm für

Studiogeräte mit 2″-Band 8,5 kg) sind für die Spulenaufnahme, die Sicherung und die Spulenantriebe sowie für die Bremsung der Wickel besondere Maßnahmen notwendig.

Die Transportwerkplatten sind bei den Geräten nach dem SRV waagerecht angeordnet, bei Studiogeräten nach dem TRV meist senkrecht oder mit leichter Schräge, da sich so günstigere Bedingungen für die Spulenhandhabung beim Wechsel ergeben.

Bei den genormten Videospulen ergibt sich im ungünstigsten Fall ein Verhältnis der Wickeldurchmesser von 1:3 zwischen Wickelanfang und Wickelende, d. h., ohne Bandzugregelung gilt dieses Verhältnis auch für den örtlichen Bandzug und damit auch für die elastische Dehnung des Videobandes. Ähnliche Verhältnisse ergeben sich etwa zwischen dem Punkt des Anlaufes und Ablaufes des Videobandes von der Führungstrommel beim SRV mit 360° Umschlingung auf Grund der Reibungskräfte. Während diese Änderung für die einfache Wiedergabe einer Aufzeichnung ohne Bedeutung ist, muß sie aber im Fall der Schneidetechnik beachtet werden, da sie zu Spurlagenfehlern und Geschwindigkeitsfehlern führt. Diese Fehler können durch eine Bandzugregelung vermieden werden, für die als Meßwertfühler z. B. die Bandspanner (2) benutzt werden können.

Der Bandantrieb erfolgt in der üblichen Technik mit Hilfe einer Präzisionsachse und einer elastischen Andruckrolle, wobei im Hinblick auf günstiges Schlupfverhalten die Oberfläche des Antriebselementes künstlich aufgerauht wird. Als Antriebsmotoren kommen synchrone, asynchrone und auch Gleichstromtypen geeigneter Leistung in Frage, wobei die Konstanz der Winkelgeschwindigkeit von Bedeutung ist. Ihre Auswahl ist abhängig von dem verwendeten Regelungssystem und den geforderten Genauigkeiten der jeweiligen Lösung.

Zur Erzielung der notwendigen Konstanz der Bandgeschwindigkeit müssen Störungen der Bandbewegung durch Rundlaufabweichungen oder Lagerreibungsdifferenzen während eines Umlaufes für die Bandspulen, die Antriebsrolle und alle mit dem Band umlaufenden Teile sowie Drehmomentschwankungen der Motoren vermieden werden. Auch die genaue Achsparallelität der Antriebsrolle und der Andruckrolle ist von großer Bedeutung, und bei Gummibelägen der Andruckrolle muß das Material eine hohe Homogenität aufweisen.

Bei den Umlenk- und Bandführungselementen wird für Studiogeräte teilweise von einer Luftschmierung zur Verringerung der Reibungsverhältnisse Gebrauch gemacht, wobei über radiale Düsen ein Luftpolster erzeugt wird. Das TRV stellt besonders hohe Anforderungen an die Bandführung, denn zwischen zwei planen Führungselementen liegt der konkave Führungsschuh, der eine elastische Verformung des Videobandes quer zu seiner Transportrichtung ergibt. Das Band wird durch Unterdruck im Führungsschuh angesaugt.

Außer den Videoköpfen (*5*), die getrennt behandelt werden, sind noch Magnetköpfe für die Löschung (*4*), für die Speicherung von Tonsignalen (*7*) und für besondere Regelsignale (*6*) notwendig. Wegen der großen Breite des Magnetbandes und der speziellen Spuranordnung handelt es sich um Sonderausführungen hinsichtlich der konstruktiven Lösung und der Systemdimensionierung. Die Signale werden mit diesen Magnetköpfen als Längsaufzeichnung gespeichert, wobei nur für die Tonsignale die in der Magnettontechnik übliche HF-Vormagnetisierung angewendet wird.

Eine besondere Problematik bilden im Fall der rotierenden Magnetköpfe die notwendigen Konstruktionselemente für die Bandführung, die Aufnahme der Videoköpfe und der Antrieb der Rotationssysteme. Während beim SRV meist asynchrone Motoren verwendet werden, sind beim TRV Hysterese-Synchronmotoren allgemein üblich. Wegen der hohen Forderungen hinsichtlich der Laufgleichförmigkeit sind diese Motoren oft mit Luftlagerung ausgeführt. Die Videoköpfe sind am Umfang der Kopftrommel oder Kopfscheibe angeordnet und sollen bei Geräten für das SRV leicht auswechselbar sein. Bei Studio-Video-

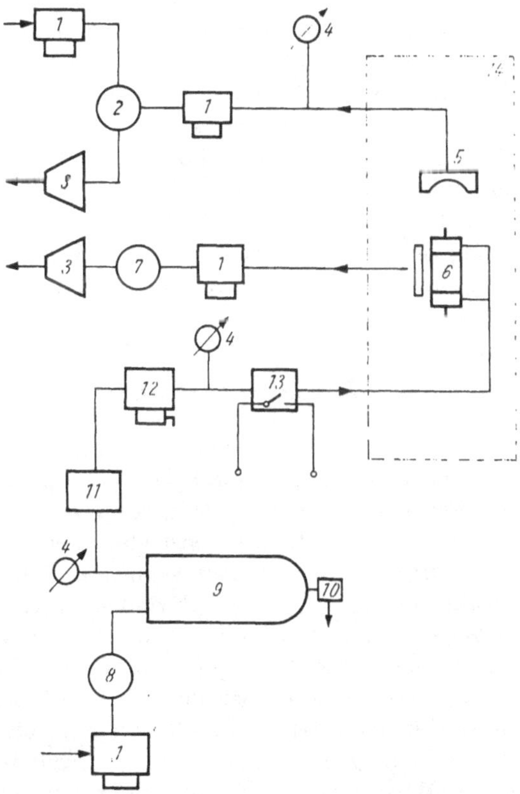

Abb. 8. Pneumatisches System eines Studiovideogerätes
Es bedeuten: *1* = Filter; *2* = Vakuumpumpe; *3* = Schalldämpfer; *4* = Manometer; *5* = Führungsschuh; *6* = Kopftrommelmotor; *7* = Gebläse; *8* = Kompressor; *9* = Lufttank; *10* = Ablaßventil; *11* = Druckregler; *12* = Filter mit Wasserabscheider; *13* = Trommelaggregat

speichergeräten nach dem TRV müssen zur Sicherung der Austauschbarkeit der Aufzeichnungen sehr enge Toleranzen für die geometrische Lage eingehalten und höchste Laufgenauigkeit erzielt werden, und es wird hier nach dem Verschleiß meist das ganze Rotationssystem gewechselt.

Eine weitere Besonderheit bilden bei Studio-Videospeichergeräten die erforderlichen pneumatischen Systeme, die vor allem im Fall der Anwendung von Luftlagerungen einen erheblichen Aufwand darstellen. Abb. 8 zeigt die schematische Darstellung einer derartigen Anlage. Zunächst muß für die Bandführung in den Längsschlitzen des Führungsschuhes (*5*) mit Hilfe der Pumpe (*2*) ein Unterdruck erzeugt werden, der mit dem Manometer (*4*) überwacht wird und etwa 0,3 atu beträgt. Abrieb vom Magnetband und Staubteilchen werden durch das Filter (*1*) beseitigt, ebenso wird die angesaugte Luft gefiltert. Der Kopftrommelmotor (*6*) erfordert eine künstliche Kühlung, die mit dem Gebläse (*7*) erzielt wird. Im dargestellten Schema wird diese Kühlung gleichzeitig zur Absaugung des Bandabriebes, der durch die rotierenden Videoköpfe entsteht, benutzt. Am aufwendigsten ist das System zur Versorgung der Luftlagerung des Trommelmotors. Der Kompressor (*8*) erzeugt den notwendigen Druck, die komprimierte Luft wird über den Lufttank (*9*), Druckregler (*11*), Filter mit Wasserabscheider (*12*) und Sicherheitsschalter (*13*) den Lagerdüsen zugeführt. Da beim Antrieb derartiger Motoren ohne ausreichende Lagerluft eine schnelle Zerstörung entstehen würde, muß der druckabhängige Schalter (*13*) den Antriebsverstärker abschalten und der Lufttank (*9*) eine für den Auslauf ausreichende Luftversorgung sichern. Schalldämpfer (*3*) und geräuscharme Ausführungsformen der Pumpen und Kompressoren sind zur Erzielung eines niedrigen akustischen Störpegels erforderlich.

1.3. Bedeutung des Zeitmaßstabes

Bei der Wiedergabe eines magnetisch gespeicherten Bildes, das als elektrisches Fernsehsignal aufgezeichnet wurde, wird durch das Wiedergabesignal der Zeilen- und Bildkippteil des Fernsehempfängers gesteuert. Dabei muß nicht nur der Beginn des Schreibvorganges vom Elektronenstrahl zu einer bestimmten Zeit erfolgen, sondern auch innerhalb der Zeitspanne einer Zeile muß für alle Zeilen eine solche Gleichmäßigkeit der Schreibgeschwindigkeit erzielt werden, daß ein dem Original entsprechender Bildeindruck entsteht. Schwankt auf Grund von Störungen eine Geschwindigkeitskomponente bei den Speicherverfahren, so hat dies eine Lageveränderung einzelner Bildelemente in horizontaler Richtung zur Folge. Weiterhin tritt bei den Verfahren mit rotierenden Magnetköpfen eine statische Verzerrung der Bildgeometrie ein, wenn bestimmte mechanische Parameter bei der Wiedergabe von den entsprechenden im Aufzeichnungsfall abweichen. Diese wirken sich besonders dort aus, wo ein Magnetkopf nur eine geringe Anzahl von Fernsehzeilen abtastet. Die Verhinderung derartiger Bildstörungen stellt höchste Anforderungen an die mechanische Ausführung der bestimmenden Bauelemente und erfordert bei höchsten Qualitätsansprüchen den Einsatz komplizierter elektronischer Regelungseinrichtungen, die das Volumen und den Preis der Videospeichergeräte wesentlich beeinflussen. So kann man z. B. bei Transversal-Rotationsverfahren für Studio-Bildspeicher mit einer einfachen Analogregelung für den Band- und Trommelantrieb eine Zeitstabilität von etwa 5 μs erreichen, wenn als Bezugssignal der Vertikalsynchronimpuls aus dem Bildsignal dient. Derartige Schwankungen werden von einem schwungradsynchronisierten Fernsehempfänger ohne Störung verarbeitet. Mit komplizierteren Regelsystemen, die als Bezugsgröße das Horizontal-Synchronsignal benutzen, erreicht man etwa eine Zeitstabilität von 150 ns. Für eine weitere Erhöhung der Genauigkeit müssen rein elektronische Mittel eingesetzt werden, und man kann z. B. mit spannungsgesteuerten Laufzeitketten sowohl für das Schwarz-Weiß-Fernsehen (etwa 30 ns) als auch für die Farbsignalspeicherung nach dem kritischen NTSC-Verfahren (etwa 5 ns) ausreichende Werte erzielen [33].

1.3.1. Einfluß von Geschwindigkeitsschwankungen

Die bei der magnetischen Speicherung auf bewegten Magnetbändern als Folge mechanischer Unzulänglichkeiten oder kinematischer Störeffekte auftretenden Geschwindigkeitsschwankungen führen zu Bildstörungen im Bildschreiber (Fernsehempfänger) während der Wiedergabe, wenn sie einen bestimmten Wert überschreiten. Es tritt insbesondere eine spezifische Störung in horizontaler Richtung, also in Richtung der Zeilenablenkung auf, für die das Auge besonders bei der Betrachtung ruhender Bilder sehr empfindlich ist.

Es wird zunächst die allgemeine Beziehung für den Zusammenhang von Geschwindigkeitsschwankungen und Zeitfehlern im Wiedergabesignal abgeleitet. Dazu betrachtet man einen Zeitintervall T, z. B. den Abstand zweier Zeilensynchronimpulse des Fernsehsignales (Abb. 9). Für die weitere Rechnung wird

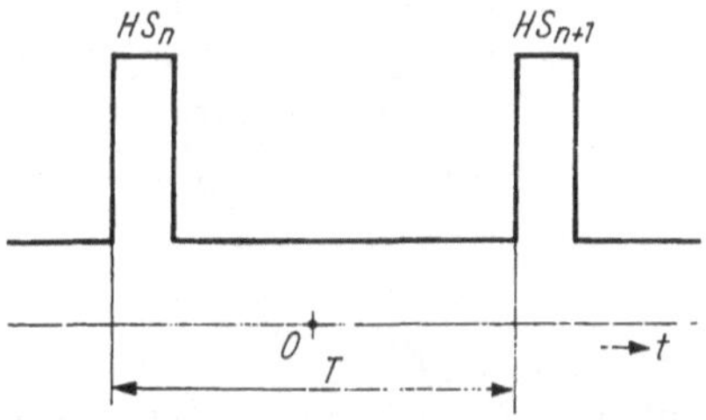

Abb. 9. Zeilenimpulse des Videosignals

angenommen, daß die mittlere Geschwindigkeit v_0 bei Aufzeichnung und Wiedergabe gleich ist und im allgemeinen Fall der getrennten Aufzeichnung und Wiederdergabe bei der Aufzeichnung diese Geschwindigkeit konstant sei ($v_{0A} = v_{0W}$, v_{0A} = konstant). Bei der Wiedergabe tritt eine Störung auf, für die eine sinusförmige Zeitfunktion zur übersichtlichen Darstellung angenommen wird. Eine Verallgemeinerung auf andere Zeitfunktionen ist zulässig, da sich diese immer wieder auf sinusförmige zurückführen lassen.

$$v_W = v_0[1 + m\cos(\omega t + \varphi)]$$

$$m = \frac{\Delta v}{v_0} \qquad \begin{array}{l} \omega \text{ Kreisfrequenz der Störung} \\ \varphi \text{ Nullphasenwinkel} \end{array}$$

Das auf dem Magnetband gespeicherte Signal mit dem Zeitintervall T weist eine Länge $s = v_0 \cdot T$ auf. Bei der Wiedergabe ergibt sich dann eine Zeitdauer

$$T_W = \int_{-S/2}^{+S/2} \frac{1}{v_W}\, dx = \frac{1}{v_0} \int_{-S/2}^{+S/2} \frac{dx}{1 + m\cos(\omega t + \varphi)}\,.$$

Da $m \ll 1$ (bei üblichen Schallspeichergeräten ist m ungefähr 10^{-3}), läßt sich das Integral auf eine einfache Form zurückführen. Nach Substitution von $t = \frac{x}{v_W}$ erhält man

$$T_W = \frac{1}{v_0} \int_{-S/2}^{+S/2} \left[1 - m\cos\left(\frac{\omega x}{v_W} + \varphi\right)\right] dx = \frac{s}{v_0}\left(1 - \frac{2\, m\, v_0}{\omega\, s} \sin\frac{\omega\, s}{2\, v_0} \cos\varphi\right)$$

und mit $\frac{\omega\, s}{2\, v_0} = \pi\, T\, f_s \quad Sp(x) = \frac{\sin x}{x}$

$$T_W = \frac{s}{v_0}\,[1 - m\, Sp\,(\pi T\, f_s) \cos\varphi].$$

Bezieht man die Schwankung des Zeitwertes auf die Zeit T, so erhält man für den Maximalwert dieser Größe

$$\frac{\Delta T}{T} = m\, Sp(\pi\, T\, f_s)\,.$$

Die für einen bestimmten Zeitfehler zulässige Geschwindigkeitsschwankung wird unter der Annahme, daß die Störmodulation im allgemeinen bei der Aufzeichnung und Wiedergabe die gleiche spektrale Zusammensetzung aufweist und in beiden Fällen auch den gleichen Wert für m hat, dann

$$\frac{\Delta v}{v_0} = \frac{1}{2}\,\frac{\Delta T}{T}\,\frac{1}{Sp(\pi\, T f_s)}\,.$$

Das System ist insbesondere gegen sprunghafte Änderungen empfindlich. Für eine aus n Teilschwingungen zusammengesetzte Störung gilt

$$\frac{\Delta T}{T} = \sum m \cos\varphi\, Sp(\pi\, T\, f_s)\,.$$

Unter der Voraussetzung, daß die Zeilensynchronimpulse mit auf dem Band aufgezeichnet sind, kann man jetzt die zulässige Geschwindigkeitsschwankung berechnen. Dabei spielt noch die Elektronik des Bildschreibers eine gewisse Rolle. Man unterscheidet hier die direktsynchronisierten Systeme in Studiomonitoren und schwungradsynchronisierte Ablenkschaltungen bei den üblichen Fernsehempfängern. Bei der Direktsynchronisierung ergeben Geschwindigkeitsschwankungen Verlängerungen oder Verkürzungen der Zeilen. Bei den schwungradsynchronisierten Fernsehempfängern hängt der Zeileneinsatz von der Größe einer Regelspannung ab, die aus dem Phasenvergleich zwischen den Signalen des Generators für die Horizontalfrequenz im Empfänger und der Horizontalimpulse vom Magnetband abgeleitet wird. Die Regeleigenschaften sind durch die elektrische Zeitkonstante der Schaltung bestimmt. Für die Störmodulation der Magnetbandtransportwerke, deren Hauptanteil im Frequenzbereich zwischen 5 und 10 Hz liegt, regelt die Schwungradsynchronisierung die Phase nach, und es liegen analoge Verhältnisse wie bei der Direktsynchronisierung vor. Dagegen werden hohe Schwankungsfrequenzen nicht ausgeregelt, was für die Sichtbarkeit der unter Abschn. 1.3.2. beschriebenen Zeitfehler wichtig ist.

Für Studio- und Heimgeräte bestehen unterschiedliche Forderungen hinsichtlich der Genauigkeit des Zeitmaßstabes. Im Studio soll das Videospeichergerät eine gleichwertige Signalquelle sein, d. h., die vom Band kommenden Signale müssen ohne störende Synchronisationssprünge abwechselnd mit anderen Bildgebern überblendet werden können, wobei für das Synchronsignal ein gemeinsamer Taktgeber verwendet wird. Im Fall der Heimgeräte muß nur eine einwandfreie Funktion der Ablenkschaltung im Fernsehempfänger bei der Ansteuerung durch das vom Magnetband abgeleitete Signal gesichert sein.

In beiden Fällen besteht daneben die Forderung, daß ein Bildelement nur eine bestimmte Lageverlagerung erfahren darf, ohne daß eine subjektive Störung entsteht. Nach der europäischen Fernsehnorm entspricht einem Bildelement ein Zeitintervall von 0,1 μs. Die Grenze der zulässigen Verschiebung in Richtung der Fernsehzeile liegt bei 0,07 μs. Diese Schwankung, bezogen auf die Zeilenperiode $T = 64\ \mu$s, ergibt die zulässige Geschwindigkeitsschwankung, wobei der Faktor mit der Spaltfunktion für niedrige Störfrequenz vernachlässigt werden kann. Im Fall der Farbsignalspeicherung kommt es zusätzlich auf die Erhaltung des Farbtones und der Farbsättigung an, und das kritische Zeitintervall kann aus der zulässigen Phasenänderung des Farb-Hilfsträgers ermittelt werden. Diese ist vom gewählten Übertragungssystem abhängig, und subjektive Tests haben für PAL und SECAM einen Wert von $\pm$ 40° und für das kritische NTSC-System von $\pm$ 5° ergeben. Mit einer Frequenz des Farb-Hilfsträgers von 4,43 MHz lassen sich dann die in Tab. 1 angeführten kritischen Zeitintervalle ableiten.

Tabelle 1

Kritische Zeitintervalle der Videospeicherung

Aufzeichnungssignal	kritisches Zeitintervall ΔT	zulässiges $\frac{\Delta v}{v}$ ($f < 500$ Hz)
BAS (schwarz-weiß)	70 ns	$5{,}5 \cdot 10^{-4}$
FBAS (SECAM/PAL)	25 ns	$2 \cdot 10^{-4}$
FBAS (NTSC)	3 ns	$2{,}5 \cdot 10^{-5}$

Die Ableitungen gelten prinzipiell für die Relativgeschwindigkeit zwischen Magnetkopf und Magnetband. Der Einfluß der Störungen in den beiden Komponenten von v_B und v_K bei rotierenden Magnetköpfen resultiert aus der geometrischen Zuordnung dieser Geschwindigkeitskomponenten. Es gilt

$$\left(\frac{\Delta v}{y}\right)_R = \left(\frac{\Delta v}{v}\right)_B \cdot \frac{v_B}{v_R} \cos \alpha + \left(\frac{\Delta v}{v}\right)_K \cdot \frac{v_K}{v_R},$$

wenn α der Winkel zwischen den beiden Geschwindigkeitskomponenten ist. Im Fall des Transversalrotationsverfahrens ist $\alpha \sim 90°$ und $v_R \sim v_K$. Die resultierenden Geschwindigkeitsschwankungen sind praktisch nur durch die Kopfrotation bestimmt. Bei den Schrägrotationsverfahren geht die Komponente der Bandgeschwindigkeit nur mit dem Faktor 10^{-2} ein.

Schwankungen der Bandgeschwindigkeit führen im Wiedergabefall zu Spurabweichungen, die insbesondere beim TRV ebenfalls ein bestimmtes Maß nicht überschreiten dürfen, wenn sie nicht Bildstörungen ergeben sollen. Läßt man unter Berücksichtigung der Toleranzen für die Abmessungen eine Pegeländerung von 20% zu, so errechnet sich der zulässige Zeitfehler zu $\Delta T_B \leqq \Delta p \frac{b_0}{v_B} \leqq$ $\leqq 125\ \mu s$.

Das Regelsystem für den Bandantrieb muß also die Fehler der Bandgeschwindigkeitsschwankungen in diesem Zeitbereich korrigieren. Bei Videospeichergeräten nach dem SRV ist dagegen der zulässige Zeitfehler für die Bandgeschwindigkeit erheblich größer. Jedoch gewinnen hier wieder Störungen an Bedeutung, die durch ungenaue Höhenführung hervorgerufen werden [34], [35], [36].

1.3.2. Einfluß geometrischer Zuordnungen

Bei allen Verfahren mit rotierenden Magnetköpfen gewinnt die Anordnung dieser Bauelemente in dem Rotationskörper besondere Bedeutung. Zu den aus der Magnettontechnik bekannten Forderungen hinsichtlich Spaltwinkellage und Spurhöhenjustage kommen vor allem sehr genaue Bedingungen für den Band-Kopf-Kontakt (Einfluß der Banddehnung und von Abstandsverlusten) und für die gegenseitige Zuordnung der Kopfspalte am Umfang des Rotationskörpers. Da die höchsten Anforderungen hier beim Transversalrotationsverfahren mit vier Magnetköpfen bestehen, sollen sie an diesem Beispiel kurz dargestellt werden. Dabei ist die zusätzliche Forderung zu beachten, daß Aufzeichnungen mit verschiedenen Trommelaggregaten auf verschiedenen Videospeichergeräten (des gleichen Typs bzw. nach dem gleichen Standard) wiedergegeben werden können, also ein universeller Programmaustausch möglich sein muß.

Die unter dem Einfluß geometrischer Zuordnungen auftretenden Zeitfehler verursachen im wiedergegebenen Bild ruhende Geometrieverzerrungen, die auf der Bildfläche in periodischen Abständen wiederkehren. Man unterscheidet dabei Dehnungs- und Quadraturfehler, wobei für die erste Art zwei typische Verzerrungen auftreten können, abhängig von der Richtung der Verschiebung.

Tritt bei der Wiedergabe eine Veränderung dieser geometrischen Zuordnungen auf, so wirken sie sich am Bildschirm innerhalb horizontaler Streifen bestimmter Breite aus.

Die Zeitfehler der Rotationssysteme sind von deren Eigenfrequenz f_0 abhängig. Störungen, die z. B. von unterschiedlichen Reibungsverhältnissen der Videoköpfe mit dem Videoband oder innerhalb der Lagerung des Trommelmotors und durch Auswirkungen von Oberflächenstörungen des Magnetbandes (Cutterstellen, Staubkörnchen) hervorgerufen werden, regen Pendelschwingungen entsprechend der Beziehung

$$a = A_0\, e^{-t/T} \sin 2\,\pi\, f_0\, t$$

an, wobei die Dämpfungsfunktion durch das Regelungssystem für den Trommelantrieb beeinflußt werden kann. Bei Kopftrommelmotoren für das TRV liegt die Eigenfrequenz etwa zwischen 5 und 10 Hz. Für den Zeitbereich eines Kopfbandes ($t = 1$ ms) ist die Dämpfungsfunktion praktisch A_0, und die Sinusfunktion kann durch ihr Argument ersetzt werden. Dann erhält man für $a = \Delta t_K = 0{,}07\ \mu$s bei einer Eigenfrequenz von 8 Hz den zulässigen Rotationszeitfehler

$$A_0 = \frac{\Delta t_K}{2\,\pi f_0\, t} = 1{,}4\ \mu\text{s}\,.$$

Bei diesem Zeitfehler ändert sich der Zeitmaßstab über den Bereich einer Fernsehzeile dann um $\Delta t_z = 4{,}5$ ns, was, bezogen auf die Frequenz des Farb-Hilfsträgers, im Fall einer Farbsignalspeicherung einem Phasenfehler von

$$\Delta\varphi = \frac{\Delta t_z}{T_{FHT}} \cdot 360 = \pm\, 3{,}5°$$

entspricht und damit selbst für das kritische NTSC-System unterhalb der Störgrenze liegt.

In Abb. 10 stellt (*1*) die Kopftrommel, (*2*) den Videokopf und (*3*) den Führungsschuh für das Magnetband dar. Im Aufzeichnungsfall sollen folgende Bedingungen vorliegen: Eine (willkürliche) Bezugskante des Führungsschuhes hat vom Mittelpunkt der Trommel die Entfernung x_0, wobei die gegenseitige Zuordnung optimale Bedingungen für den Band-Kopf-Kontakt über den gesamten Berührungsbogen ergibt. Die Achsen x und x' sowie y und y' sind parallel, und der Winkel α ist für alle Quadranten genau 90°. Ändert sich die Entfernung x_0 oder die Parallelität der Achsen y und y', ergeben sich als Folge geänderter Banddehnungsverhältnisse Zeitfehler. Bei einem schwungradsynchronisierten Fernsehbildschreiber, der ja auf die mittlere Zeilenfrequenz nachregelt, treten dann im Kopfband-Bereich Verzerrungen auf. Diese äußern sich bei einer Änderung x_0 entsprechend der Darstellung *b* oder *c* in Abb. 10, je nachdem, ob x_0' größer oder kleiner als x_0 ist (Sägezahneffekt). Dabei ist angenommen, daß im Aufzeichnungsfall eine senkrechte Linie am Bildschirm sichtbar ist (Abb. 10a). Bei größerem Bandandruck erfolgt die stärkste Dehnung in der Bandmitte, bei geringerem an den Bandkanten. Im Fall einer Farbsignalspeicherung ändert sich deshalb die Farb-Hilfsträgerphase in den einzelnen Fern-

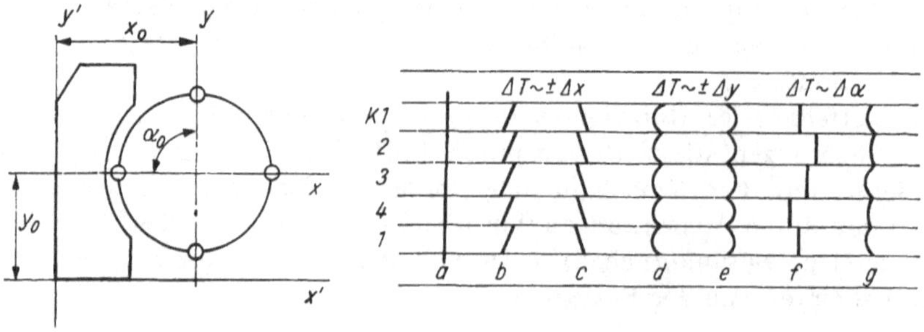

a) b)

Abb. 10. Geometrische Zuordnungen beim Transversalrotationsverfahren (a) und typische Zeitfehler (b)

sehzeilen unterschiedlich, was zu einer mit Kopfband-Struktur auftretenden Farbstörung führt.

Ändert sich die geometrische Zuordnung nur in der y-Richtung, so ergeben sich Bildverzerrungen nach d bzw. e (Muscheleffekt). Abweichungen der Winkelzuordnung α führen schließlich zu einem seitlichen Versatz der senkrechten Linien innerhalb der einzelnen Kopfbänder (Quadraturfehler), die im Bild 10f dargestellt sind. Im allgemeinen Fall überlagern sich die verschiedenen Fehlerursachen, und es entsteht eine Verzerrung, wie sie im Bild 10g gezeigt wird.

Eine Berechnung der Zusammenhänge führt zu dem Ergebnis, daß z. B. eine Abweichung in x-Richtung von 50 μm (das ist im allgemeinen die zulässige Grenze für die Abnutzung der Videoköpfe) einen Zeitfehler von 1,75 μs hervorruft, der am Bildschirm einer 53 cm-Bildröhre eine Horizontalverschiebung von ungefähr 16 mm ergibt. Ein Winkelfehler von nur 8 Winkelsekunden, entsprechend der Verschiebung eines Videokopfes am Umfang um eine Spaltweite (2,5 μm), ergibt einen Zeitfehler von etwa 60 ns. Da sich bei der Verwendung verschiedener Trommelaggregate diese Fehler im ungünstigsten Fall addieren können, wird eine äußerste Genauigkeit der Winkeljustage und eine besondere Technologie für die Kopfbefestigung und für die Fernwerktechnik des Führungsschuhes mit seiner Bewegungseinrichtung unter Berücksichtigung von zeit- und temperaturbedingten Veränderungen erforderlich.

Für die Einstellung der richtigen geometrischen Zuordnungen verschiedener Aggregate benutzt man spezielle Testbänder, bei deren Herstellung wieder besondere Verfahren zur Erzielung größter Genauigkeit angewendet werden [37], [38], [39].

1.4. Randgebiete

1.4.1. Zeitdehnung und Standbildspeicher

Die Zeitdehnung ist seit Einführung der Filmtechnik ein beliebtes Mittel zur Erzielung bestimmter Effekte im Kino und Fernsehen. Große Bedeutung kommt derartigen Verfahren aber auch auf wissenschaftlichem Gebiet und für Lehrzwecke zu. Dabei ist neben der stark gedehnten Wiedergabe des Zeitmaßstabes auch die Möglichkeit des „Einfrierens" einzelner Bilder, also eine Standbildspeicherung, erwünscht. Andererseits ist auch die Zeitraffung für verschiedene Anwendungen interessant. Es wurden deshalb derartige Einrichtungen auch mit Videospeichergeräten realisiert.

Hier bietet sich vor allem das Schrägrotationsverfahren an, da die Information eines vollständigen Halbbildes auf einer Spur gespeichert ist. Der Einfluß der Bandgeschwindigkeit auf die Relativgeschwindigkeit ist gering, und bei dem Wert $v_B = 0$ wird durch den oder die Magnetköpfe ständig die gleiche Videospur abgetastet. Allerdings ergibt sich dabei ein anderer Winkel zur Bandlängsachse, und auch die Dauer der Abtastung einer Spur ist verändert gegenüber dem bewegten Zustand. Wegen des geringen Spurabstandes ändert sich der Wiedergabepegel um maximal etwa 6 dB, und der Magnetkopf überstreicht ständig eine bestimmte Videospur. Um eine einfache Synchronisierung des Fernsehgerätes bei der Wiedergabe zu erreichen, muß sich für das Standbild eine ganze Zeilenzahl ergeben, was durch geeignete Wahl des Spurlängenunterschiedes erreicht werden kann. Die Zeitfehler für die Zeilensynchronisierung liegen bei einer Standbildwiedergabe dann innerhalb des Fangbereiches der Schaltung im Fernsehempfänger.

Natürlich ergeben sich bei der Standbildwiedergabe mit derartigen Geräten wesentlich stärkere Abnutzungsbedingungen für das Magnetband und für die Videoköpfe, und die Wiedergabezeit ist dadurch begrenzt.

Aus der Magnettontechnik sind Einrichtungen bekannt, die eine wiederholte Wiedergabe bestimmter Informationen erlauben (Pausenzeichen beim Rundfunk, Telefonansagen usw.). Mit Hilfe der Fernsehtechnik ist es möglich, auch Bildinformationen in ähnlicher Weise wiederholt wiederzugeben, wobei durch geeignete elektronische Schaltungen die Auswahl und die richtige Begrenzung des Zeitabschnittes auch aus einem Bewegungsvorgang heraus gewählt werden können. Dazu wird auf dem Speicher zunächst das entsprechende Signal in kontinuierlicher Form aufgezeichnet und anschließend die Information jeweils eines Fernsehhalbbildes (20 ms) mehrmals hintereinander wiedergegeben. Als Speicher werden für derartige Einrichtungen entweder magnetische Schichten auf Folien, Platten oder am Umfang von trommelförmigen Körpern benutzt. Die Aufzeichnung eines Halbbildes erfolgt z. B. auf Kreisspuren, und man verwendet zwei Videoköpfe, die abwechselnd gespeist werden. Dann kann jeweils während der Dauer der Aufzeichnung eines Halbbildes durch den ersten Videokopf die Weiterbewegung des zweiten Videokopfes auf die nächste Spur erfolgen. Bei der Wiedergabe wird, je nach dem gewählten Zeitlupenverhältnis, eine Spur mehrmals abgetastet. Es läßt sich so praktisch eine kontinuierliche Dehnung bis zum Stillstand erreichen.

Bei Videospeichergeräten nach dem TRV ist eine Zeitdehnung ebenfalls möglich, aber wesentlich schwieriger. Sie erfordert die zusätzliche Verwendung eines speziellen Zwischenspeichers. Eine Möglichkeit besteht z. B. darin, eine zusätzliche periodische Geschwindigkeitskomponente bei der Wiedergabe einzuführen, wobei die Bandgeschwindigkeit auf den vierten Teil der Aufzeichnungsgeschwindigkeit herabgesetzt ist. Es wird dann ein Halbbild mit annähernd richtigem Zeitmaßstab wiedergegeben und im Zusatzspeicher festgehalten. Darauf erfolgt eine viermalige Wiedergabe vom Zusatzspeicher, bis das nächste Halbbild vom Originalband kommt usw. So erzielt man z. B. für Sportaufnahmen einen ausreichenden Dehnungseffekt, aber der elektronische Aufwand ist bedeutend.

Die Plattenspeicher haben auch als Einrichtung zur Einzelbildspeicherung Bedeutung erlangt. Dabei kann man wieder entweder ein Halbbild oder ein Vollbild aus dem Fernsehsignal auswählen und speichern. Ermöglicht die Einrichtung eine kontaktlose Aufzeichnung und Wiedergabe, so kann praktisch eine beliebig lange Zeit ein Einzelbild wiedergegeben werden. Eine elegante Lösung bilden hier Systeme mit rotationsstabilisierten Folien, bei denen sich automatisch ein definierter Abstand zwischen Magnetschicht und Videokopf einstellt [40], [41], [42], [43].

1.4.2. Videomagnetköpfe

Bei der Anwendung des Prinzips der Magnetbandspeicher für Videosignale kommt der Umwandlung der elektrischen Energie in magnetische bei der Aufzeichnung und der Rückwandlung beim Wiedergabeprozeß entscheidende Bedeutung zu. Die Eigenschaften der Magnetköpfe und der Magnetbänder begrenzen die Übertragungseigenschaften, wobei die besonderen Schwierigkeiten in der Speicherung sehr hoher Frequenzen bzw. sehr kleiner Wellenlängen und in der zur Verfügung stehenden geringen Spurbreite liegen. Die früher dargelegten Verfahren erfordern wegen der hohen Relativgeschwindigkeit besondere Materialeigenschaften der Magnetbandoberfläche und der damit in Berührung kommenden Elemente der Magnetköpfe, um eine ausreichende Lebensdauer zu gewährleisten (vgl. hierzu auch Bd. 1 dieser Reihe).

Bauformen

Für die Speicherung von Videosignalen sind verschiedene Ausführungsformen von Wandlern möglich, die sich im Aufbau des magnetischen Kreises unterscheiden und in drei Gruppen gegliedert werden können:

a) feinstlamellierte Blechkerne,

b) Ferritkerne,

c) Ferritkerne mit metallischem Polschuh.

Die Ausführungsform a) entspricht den klassischen Magnetköpfen für die Schallspeicherung, nur müssen eine wesentlich feinere Lamellierung erfolgen, ein möglichst geringes ferromagnetisches Volumen erzielt und geeignete magnetische Werkstoffe angewendet werden. Bei einer technologisch begrenzten Lamellenstärke von etwa 30 μm lassen sich dann befriedigende Eigenschaften bis zu einer oberen Grenzfrequenz von 6 MHz erzielen, wenn als Kernmaterial Alfenol angewendet wird. Infolge der geringen Blechstärken und der notwendigen besonderen Gestaltung der Polspitzen lassen sich eine ausreichende Güte und

Gleichmäßigkeit nur unter außerordentlich schwierigen technologischen Bedingungen erreichen. Die Herstellung wird unökonomisch. Die Erzielung eines mechanisch ausreichend stabilen Magnetkernes erfordert besondere Klebereigenschaften. Beim Verschleiß der Magnetköpfe treten durch unterschiedliche Abriebbedingungen auf den Lamellen und auf den Kunststoffzwischenlagen Abstandseffekte in der Spaltumgebung auf, die eine Verschlechterung der Übertragungseigenschaften bedingen.

Die Gruppe b) umfaßt Wandler, deren magnetischer Kern ausschließlich aus Ferritwerkstoff gebildet wird. Dieser Werkstoff bietet die günstigsten Voraussetzungen hinsichtlich des Frequenzbereiches. Schwierigkeiten bereiten hier aber Strukturprobleme und die Erzielung einer hohen Permeabilität bei ausreichender Sättigungsinduktion und Curie-Temperatur. Es sind spezielle Verfahren zur Erzielung örtlich verdichteter Kristallstrukturen und für die Spaltherstellung durch Glasverschmelzen bekannt. Wegen der großen Härte der Ferrite können für geringe Spalttiefen bei gutem Wirkungsgrad große Lebensdauerwerte erzielt werden. Daß sich diese Typen dennoch nicht allgemein durchsetzen konnten, liegt unter anderem auch in dem erhöhten Störpegel, dessen Ursachen innere Vorgänge beim Magnetisierungsprozeß sind, begründet.

Die größte praktische Bedeutung haben Magnetköpfe der Gruppe c) erlangt. Ein Ferritring trägt hier metallische Polschuhe, die mit dem Magnetband in Kontakt sind. Bei geeigneter Dimensionierung kann hier ein befriedigendes Übertragungsverhalten bis etwa 12 MHz erzielt werden. Als Polschuhmaterial kommen Eisen-Aluminium-Legierungen oder daraus abgeleitete Dreistofflegierungen mit Zusätzen von Silizium, Molybdän oder ähnlichen Materialien zur Anwendung. Die geteilte Bauweise bietet günstige technologische Bedingungen. Abb. 11 zeigt den grundsätzlichen Aufbau der drei Typen, wobei die Wandler sowohl zur Aufzeichnung als auch zur Wiedergabe verwendet werden.

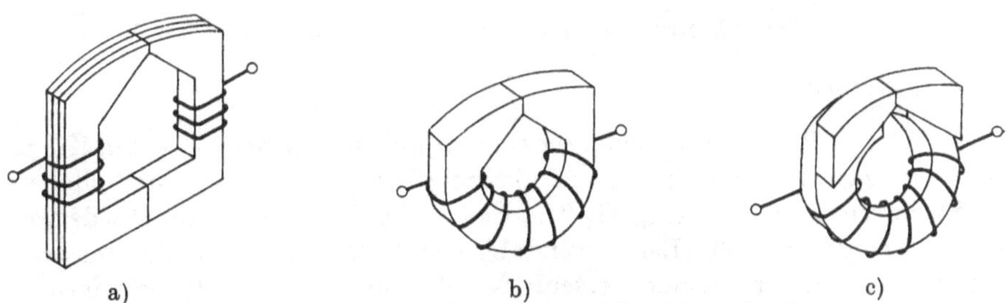

Abb. 11. Ausführungsformen von Video-Magnetköpfen
a) feinlamellierte Blechkerne
b) Ferritkerne
c) Ferritkerne mit metallischem Polschuh

Band-Kopf-Kontakt

Bei Videospeichergeräten mit rotierenden Köpfen treten besondere Probleme hinsichtlich des Band-Kopf-Kontaktes auf. Durch die im Verhältnis zur Magnetbandfläche sehr geringe Kontaktfläche des Spiegels tritt eine örtliche Verformung des Magnetbandes beim Kopfdurchlauf auf, die nicht zur plastischen Deformation führen darf. Die Druckverteilung über der Kontaktfläche ist dabei von großer Bedeutung. Unter der Annahme eines rechteckigen Querschnittes der Polschuhe des Magnetkopfes, der mit der Kraft K gegen die elastische Fläche des Magnetbandes gedrückt wird, ergibt sich eine Druckverteilung entsprechend

$$P_{(x)} = \frac{K}{\pi \sqrt{(b/2)^2 - x^2}} .$$

Würde keine elastische Verformung auftreten, so wäre der Druck an den Kanten des Kopfspiegels unendlich groß. Praktisch wird sich eine Druckverteilung entsprechend Abb. 12 einstellen. Durch geeignete Ausbildung des Querschnittes der Polspitzen läßt sich erreichen, daß der Druckanstieg an den Stellen $-b$ und $+ b$ auf ein zulässiges Maß begrenzt wird. Theoretisch wäre eine halbkreisförmige Begrenzung für die Druckverteilung am günstigsten, aber wegen der Forderung nach konstanter Spalttiefe ist diese Form technologisch nicht realisierbar.

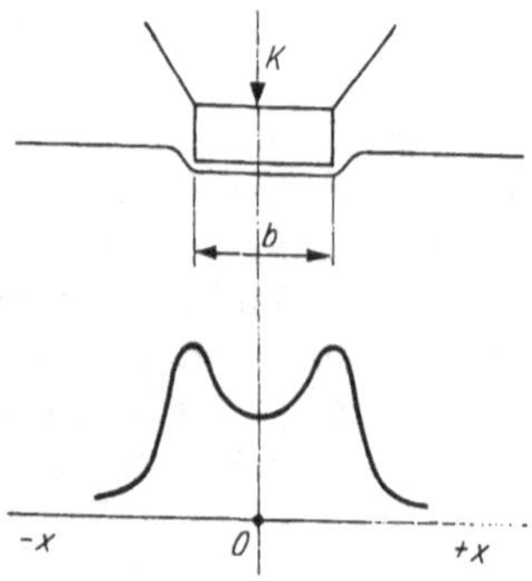

Abb. 12. Druckverteilung vor dem Videomagnetkopf

Signalzuführung

Eine weitere Problematik bildet die Signalzuführung zu den bewegten Köpfen. Während im Aufzeichnungsfall am Videokopf ca. 100 V erforderlich sind und ein Strom von etwa 40 mA_{eff} fließt, beträgt die Urspannung im Wiedergabefall nur wenige Millivolt. Bei Anwendung von Schleifringen und Bürsten treten wegen der hohen Drehzahlen Verschleißerscheinungen auf, und Veränderungen des Kontaktwiderstandes führen zu Störungen im Bildsignal (Kontaktrauschen, kurzzeitige Signalausfälle). Deshalb wird in neuerer Zeit häufig eine kontaktlose Übertragung mit rotierenden Breitbandübertragern angewendet. Dabei ist ein Teil des Übertragers fest angeordnet und der andere Teil auf der Antriebswelle des Trommelmotors befestigt. Ein axialer Abstand der Trennflächen bietet fertigungstechnische Vorteile gegenüber einer radialen Zuordnung der beiden Hälften, wobei an die Bearbeitungs- und Laufgenauigkeit große Anforderungen gestellt werden.

Kenngrößen

Die Ableitung der grundsätzlichen Forderungen für eine optimale Dimensionierung kann anhand übersichtlicher einheitlicher Beziehungen erfolgen, die den Aufzeichnungs- und Wiedergabeprozeß charakterisieren. Es lassen sich dazu drei Kenngrößen formulieren (vgl. Bd. 1 dieser Reihe):

Kenngröße	*Beziehung*
Induktivität	$L = w^2 \Lambda$
Wirkungsgrad bei Wiedergabe	$\eta_W = R_{m(s)} \Lambda$
Aufzeichnungs-Feldstärke	$H_y = K_y \frac{w \cdot i}{\mu_0 \sigma a_s} \Lambda$

w = Windungszahl,
$R_{m(s)}$ = magnetischer Widerstand des Nutzspaltes,
K_y = Verteilungsfunktion des Spaltfeldes,
i = Aufzeichnungsstrom,
σ = Streufaktor,
a_s = Spaltquerschnitt,
Λ = magnetische Leitfähigkeit des Kreises.

Die in allen Kenngrößen enthaltene magnetische Leitfähigkeit ist bedingt durch den Aufbau des magnetischen Kreises und im allgemeinen von der Frequenz und der Betriebsfeldstärke abhängig.

Der Wert der ersten Kenngröße wird im wesentlichen durch die elektrischen Anschlußbedingungen vorgegeben. Für das Aufzeichnungs- und Wiedergabeverhalten ist in erster Linie der Nutzspalt zu beachten, der durch Spaltweite, Spalttiefe und Spurhöhe gekennzeichnet ist, sowie die frequenz- und wellenlängeabhängigen Verluste. Bei metallischen Polschuhen werden Metallfolien, Aufdampfschichten oder galvanisch aufgebrachte Schichten als spaltfüllendes Material verwendet und bei Ferriten meist Glas. Übliche Werte der Spaltweite sind 1,5 bis 2,5 μm, die Spalttiefen liegen zwischen 30 und 120 μm und die Spurhöhen zwischen 100 und 300 μm.

Materialauswahl

Für die Auswahl der Kernmaterialien sind mechanische, technologische, magnetische und elektrische Werte von Bedeutung. Während für die elektrische und magnetische Dimensionierung die allgemeinen Gesetzmäßigkeiten der Magnetköpfe zu berücksichtigen sind, müssen bei den Videoköpfen speziell noch die Temperaturbedingungen beachtet werden.

Zur Erzielung eines guten Wirkungsgrades soll die Permeabilität des Kernmateriales einen möglichst hohen Wert aufweisen. Für Ferrite gilt eine nicht überschreitbare Grenzkurve entsprechend

$$(\mu - 1) = \frac{c}{f} \qquad c = 5 \cdot 10^9\,(\mathrm{s}^{-1}),$$

woraus sich für 10 MHz ein Wert von 500 ergibt. Bei Blechmaterialien ist im Arbeitsbereich der Videoköpfe die effektive Permeabilität proportional $\sqrt{\mu_a/\varrho}$, ein höherer Wert bei hohen Frequenzen kann also in gleichem Maße durch Vergrößerung der Anfangspermeabilität wie auch durch Erhöhung des spezifischen Widerstandes erzielt werden.

Durch die hohe Relativgeschwindigkeit tritt an der Kontaktfläche zwischen Magnetband und Videokopf eine beachtliche Reibungswärme auf, die zur Ausbildung unmagnetischer Schichten oder zur Veränderung der magnetischen Eigenschaften dieser Schichten führt und damit als wellenlängenabhängiger Verlust in Erscheinung tritt. Die Wärmeableitung dieser Schichten ist bei Metallpolschuhen wesentlich günstiger als bei Ferriten, und die Rotationsbewegung der Videoköpfe ergibt zusätzliche Kühlungsmöglichkeiten, da die Wandler nicht ständig mit dem Magnetband in Kontakt sind. Für den Grenzfall, daß die Wärmeableitung über den Magnetkopf wesentlich größer ist als über das Magnetband, gilt für die Temperatur der Kontaktfläche

$$T = \frac{k \cdot P \cdot v}{A},$$

A Kontaktfläche
P Reibungskraft
v Relativgeschwindigkeit
k Konstante

wobei die Konstante k die Wärmeleitfähigkeit des Kernmaterials und die Wärmeabstrahlung berücksichtigt. Die Oberflächentemperatur ist also proportional der Relativgeschwindigkeit und kann mehrere 100 °C erreichen, was auch durch die Verfärbung der Metallspiegel von Videoköpfen bestätigt wird [44], [45], [46], [47], [48].

1.4.3. Bildstörungen durch Kurzzeit-Signalausfälle

Moderne Studio-Videospeichergeräte haben eine so große Perfektion erlangt, daß davon gesendete Programme am Heimempfänger nicht mehr von den Live-Übertragungen unterschieden werden können. Sie erfüllen auch die erhöhten Anforderungen, die bei der Farbfernsehübertragung gestellt werden. Aber auch halbprofessionelle Geräte und Heimgeräte ermöglichen eine sehr gute Bildqualität. Neben den im Abschn. 1.3. behandelten Störungen durch Geschwindigkeits- und Geometriefehler gibt es aber noch eine andere typische Fehlerart, die beim magnetischen Speicherverfahren auftritt: die Kurzzeit-Signalausfälle (auch als „Drop-out“ bezeichnet).

Bei der Wiedergabe einer Aufzeichnung treten manchmal kurzzeitige Pegelsprünge des frequenzmodulierten Signales im Zeitbereich von wenigen µs auf, die bei Überschreitung einer im wesentlichen vom nachgeschalteten Begrenzer abhängigen Größe zu einem Ausfall des Bildsignales führen. Am Bildschirm des Fernsehempfängers erscheint dann je nach der Dauer des Ausfalles entweder ein Lichtblitz oder eine stark verrauschte Zone. Die subjektive Störwirkung ist dabei stark vom jeweiligen Bildinhalt abhängig.

Diese Störungen sind entweder die Folgen von Fehlstellen im Videomagnetband oder von angelagerten Fremdkörpern. Die Fehlstellen können wieder unterteilt werden in Störungen der Schicht-Homogenität durch unmagnetische Bereiche und solche durch mechanische Oberflächenfehler, die entweder beim Herstellungsprozeß entstehen oder durch spätere mechanische Einwirkung auf die Oberfläche hervorgerufen werden. Diese Störungen können bei einer modernen Fertigungstechnologie der Videobänder weitgehend reduziert werden. Trotzdem durchlaufen die für die Verwendung in Studiogeräten bestimmten Bänder noch eine aufwendige Prüfung über die gesamte Bandlänge, und die auftretenden Signalausfälle werden nach Zahl und Dauer erfaßt. Für moderne Hochleistungs-Videobänder werden etwa zehn Fehlstellen je Minute zugelassen. Die gleiche Störwirkung ergeben aber auch Fremdkörper, wie Staubteilchen, die entweder am Videoband angelagert sind oder die beim Vorbeilauf zu Kratzspuren auf der Oberfläche führen. Es entstehen Pegelsprünge durch Abstandsverluste, ihre Größe ist also wellenlängenabhängig.

Die Störungen können sowohl bei der Aufzeichnung als auch bei der Wiedergabe auftreten und werden bei Umzeichnungen vergrößert. Außerdem nehmen die Kurzzeit-Ausfälle mit der Zahl der Durchläufe des Videobandes auf Videospeichergeräten zu, und sie sind auch von der Eindrücktiefe der Videoköpfe abhängig.

Es gibt elektronische Mittel, um die Wirkung der Kurzzeit-Ausfälle zu verringern oder auch zu verhindern. Dazu wird ein Signal eingefügt, das entweder einen Schwarz- oder Grauwert ergibt oder aber das zeitlich entsprechende Signal der Nachbarzeile darstellt, wobei geeignete Verzögerungsschaltungen durchlaufen werden. Die letzte Maßnahme liefert zwar die besten Ergebnisse, erfordert aber einen hohen elektronischen Aufwand.

In ihrer Auswirkung auf dem Bildschirm ähnliche Erscheinungen treten auf, wenn es zu elektrostatischen Aufladungen während des Bandlaufes kommt, wobei die zeitliche Ausdehnung der Störung noch unter 1 μs liegt. Die Aufladung entsteht durch Reibung und begünstigt zusätzlich die Anlagerung von Staubteilchen, wodurch die Kurzzeit-Ausfälle vermehrt werden. Das Aufladungspotential kann bei ungünstigen Bedingungen mehrere kV erreichen. Zur Verhinderung dieser Störungen muß der Oberflächenwiderstand der Videobänder möglichst niedrig sein, wobei Werte von $< 10^9\ \Omega$ ausreichend sind (gemessen an quadratischen Proben 50 mm · 50 mm) [49], [50], [51], [52], [53], [54].

1.4.4. Internationale Standardisierung

Die ersten Videospeichergeräte mit praktischer Bedeutung waren für den Einsatz in der Fernsehstudiotechnik bestimmt und ihre Technik das Monopol einer Firmengruppe. Deshalb bestand zunächst kein unmittelbares Bedürfnis für eine internationale Standardisierung. Mit zunehmender weltweiter Verbreitung dieser Technik, und vor allem durch ihre Ausbreitung auf den nichtkommerziellen Sektor, hat sich aber eine akute Bedeutung der Normung auch auf diesem Gebiet ergeben.

Die ersten Arbeiten begannen bereits 1958 in Amerika und führten zu Festlegungen in ASA[1])-Standards und Empfehlungen der SMPTE[2]). Sie bildeten auch die Grundlage für die spätere internationale Standardisierung, die sich zunächst mit Studiogeräten befaßte. Die zuständigen internationalen Fernsehorganisationen EBU[3]) und OIRT[4]) bearbeiten entsprechende Empfehlungen für ihre Mitgliedstaaten, und nach einer früheren Bearbeitung im CCIR[5]) wurde 1967 die zentrale Bearbeitung in der IEC[6]) durch Gründung einer Untergruppe (SC 60 B) innerhalb TC 60 aufgenommen. Diese Organisation wird nunmehr alle Fragen der Standardisierung von Videospeichergeräten für Studio, kommerzielle und für Heimgeräte bearbeiten.

Die internationale Standardisierung dient dem Austausch von Aufzeichnungen, wobei eine möglichst hohe Übertragungsqualität gesichert werden soll. Es müssen also mechanische Parameter und auch bestimmte elektrische Bedingungen festgelegt werden.

Austauschobjekte sind die Videomagnetbänder, die auf entsprechenden Spulen verwendet werden. Es sind folgende Festlegungen erforderlich: Abmessungen der Magnetbänder, Abmessungen der Spulen, Wickelsinn (Schichtlage), Spuranordnung. Diese Parameter sind für Studiogeräte nach dem TRV praktisch einheitlich festgelegt, während eine entsprechende Standardisierung auf den anderen Anwendungsgebieten erst im Anfangsstadium ist.

Für die Videospeichergeräte ergeben sich zunächst wieder mechanische Forderungen hinsichtlich der Aufnahme der Spulen und ihrer Bewegung sowie hinsichtlich der Anordnung der Magnetköpfe zur Realisierung der festgelegten Spuranordnung. Darüber hinaus müssen je nach dem angewendeten Verfahren Transport- und Umlaufgeschwindigkeiten für das Videoband bzw. für die Videoköpfe und gegenseitige Zuordnungen der verschiedenen Magnetköpfe erfaßt werden. Schließlich sind elektrische Parameter für die den einzelnen Spuren zugeordneten Kanäle bei Aufzeichnung und Wiedergabe und auch elektrische und mechanische Anschlußwerte für Ein- und Ausgang der Videospeichergeräte festzulegen, die insbesondere auf dem Gebiet der Anwendung für Heimgeräte die Verbindung zu anderen Geräten (z. B. Fernsehempfänger) sichern. Ähnlich wie bei der Schallspeicherung gewinnen auch auf dem Gebiet der Videosignalspeicherung spezielle Meßbänder besondere Bedeutung. Sie dienen der richtigen Einstellung und der leichten Kontrolle wichtiger Eigenschaften. Neben bestimmten elektrischen Charakteristika ist hier insbesondere die einheitliche Einstellung geometrischer Zuordnungen eine grundlegende Notwendigkeit.

---

[1]) American Standard Association
[2]) Society of Motion Picture and Television Engineers
[3]) European Broadcasting Union
[4]) Organisation Internationale de Radiodiffusion et Télévision
[5]) Comité Consultatif International des Radiocommunications
[6]) International Electrotechnical Commission

Tabelle 2

Übersicht über neuere Videospeichergeräte

Type	Hersteller	Verwendung	Zahl der Videoköpfe	Verfahren	Videomagnetband	Bandgeschwindigkeit (cm/s)
V 500	Fairchild (USA)	Heim	4	LRV	1/4″	305
VX 1200	Akai (Japan)	Heim	1	HGV	1/4″	114
BK 200	Grundig (BRD)	Heim prof.	2	SRV	1″	21
Optacord 602	Loewe-Opta (BRD)	Heim prof.	1	SRV	1″	21
EL 3402	Philips (Holland)	Heim prof.	1	SRV	1″	12,5
VR 660	Ampex (USA)	prof.	2	SRV	2″	10,4
VR 1500	Ampex (USA)	prof.	2	SRV	2″	12,6
VR 7803	Ampex (USA)	prof.	1	SRV	1″	24
IVC 900	Int. Video Corp. (USA)	prof.	1(3)	SRV	1″	17,5
PJ 7100	Prec. Instr. Comp. (USA)	prof.	2	SRV	1″	21
VT 100	Akai (Japan)	Heim	2	SRV	1/4″	28
EV 310	Sony (Japan)	prof.	2	SRV	1″	19
TVR 311	Ikegami (Japan)	prof.	2	SRV	1″	25
KV 800	Victor (Japan)	Heim prof.	2	SRV	1/2″	24
BCM 40 B	Fernseh (BRD)	Studio	4	TRV	2″	39,7*)
Mavicord	RFZ (DDR)	Studio	4	TRV	2″	39,7
Kadr 3	NSTM (USSR)	Studio	4	TRV	2″	39,7*)
VR 2000	Ampex (USA)	Studio	4	TRV	2″	38,1*)
TR 70	RCA (USA)	Studio	4	TRV	2″	38,1*)
SV 7700	Shibaden (Japan)	Studio	4	TRV	2″	38,1*)
VCR 2000	Grundig (BRD)	Heim	2	SRV Kassetten	1/2″	14,3
SCV 20	Sanyo (Japan)	Heim	2	SRV Kassetten	1/2″	19
VCR	Sony (Japan)	Heim	2	SRV Kassetten	3/4″	9,5
HS 100	Ampex (USA)	Studio		Plattenspeicher		
VDR 222	Data Mem. Inc. (USA)	Studio		Plattenspeicher		

*) umschaltbar auf halbe Bandgeschwindigkeit.

Studiogeräte nach dem TRV arbeiten mit Bandgeschwindigkeiten von 39,7 cm/s im Falle der europäischen Norm (50 Hz) und mit 38,1 cm/s bei der amerikanischen Norm (60 Hz).

1.4.5. Kassetten-Videospeichergeräte

Ähnlich den Verhältnissen in der Schallspeichertechnik wird auch bei den Videospeichergeräten die Kassettentechnik schnell an Bedeutung gewinnen. Diese Technik bietet einmal eine entscheidende Erleichterung für die Bedienung der Geräte im Konsumsektor und zum anderen wesentliche Vorteile beim Einsatz von automatischen Prozeßabläufen.

Für studiotechnische Anwendungen wurden dazu Einrichtungen entwickelt, die es beispielsweise gestatten, durch eine Anlage mit 25 Kassetten ein Programm von 2½ Stunden im vollautomatischen Betrieb zu übertragen. Dabei wird das standardisierte TRV mit vier Videoköpfen angewendet, die einzelnen Programmteile sind also voll kompatibel zu den Aufzeichnungen eines normalen Studio-Videospeichergerätes. Der Übergang von einem Programmteil zum folgenden wird in der vertikalen Austastzeit durchgeführt, so daß keine Bildstörungen auftreten. Voraussetzung für die Antriebssysteme derartiger Einrichtungen sind extrem kurze Startzeiten, die mit Hilfe der sich immer mehr durchsetzenden Gleichstrom-Antriebe für den Bandtransport und pneumatischer Bandführungssysteme mit Pufferschleifen realisiert werden.

Bei den Heim-Videospeichergeräten steht eine große Aufnahmekapazität im Vordergrund. Mit den Abmessungen eines mittleren Buches können bis zu 90 Minuten in einer Kassette gespeichert werden, wobei bereits die Farbsignalspeicherung und eine Stereo-Tonaufzeichnung möglich sind. Hier wird ausschließlich das SRV angewendet, und zur Erzielung optimaler Wiedergabeeigenschaften werden verbesserte Videobänder beitragen.

Kassetten-Videospeichergeräte werden einen bedeutenden Platz auf dem Gebiet der audiovisuellen Technik einnehmen. Das wird unterstrichen durch die Ergebnisse neuerer Entwicklungen zur Herstellung von Kontaktkopien für Videobänder, wodurch ein rationelles Vervielfältigungsverfahren für bespielte Kassetten erschlossen wird.

Der entscheidende Schritt zum Durchbruch dieser Technik muß durch eine internationale Standardisierung der Kassetten vorbereitet werden.

Als abschließende Übersicht wird in Tab. 2 eine Reihe neuerer Geräte zur magnetischen Speicherung von Videosignalen mit ihren charakteristischen Merkmalen zusammengestellt. Dabei wurde bewußt auf die Anführung technischer Übertragungsparameter verzichtet, da hier den Propagandadaten der einzelnen Hersteller oft noch keine einheitlichen Definitionen und Meßverfahren zugrundegelegt sind und der objektive Vergleich schwierig ist. Die Übersicht soll vor allem die typische Tendenz bei den einzelnen Anwendungen zeigen.

1.5. Literatur

[1] Bernstein, J. L.: Video Tape Recording. Chapman u. Hill, Lim., London 1960.
[2] Ennes, H. E.: Television Tape Fundamentals. Howard W. Sams u. Co., Inc., New York 1962.

[3] WINCKEL, F.: Technik der Magnetspeicher. Abschnitt: Verwendung der Magnetspeichertechnik für Fernsehaufzeichnung. Springer-Verlag 1960.
[4] v. BRAUNMÜHL, H., und SCHMIDTBAUER, O.: Fernsehaufzeichnung auf Magnetband nach dem Ampexverfahren. RTI-Mittlg. **5** (1957), S. 186.
[5] PARCHOMENKO, V. I.: Einige Probleme der magnetischen Aufzeichnung von Fernsehbildern. Mittlg. d. Inst. f. Schallaufz. Moskau, H. 8 (1961), S. 2–25.
[6] ROIZEN, J.: A portable color recorder. Radio-Electronics **38** (1967) H. 3, S. 38–39.
[7] BRUCH, W.: Neue Methoden der Farbbildaufzeichnung auf einfachen Magnetbandgeräten (TRIPAL). Telefunken-Zeitung **40** (1967) H. 3, S. 234–242.
[8] ROIZEN, J.: Video tape recording of international color television systems. IEE-Transaction Broadc. a. Television **12** (1966) H. 2, S. 13–21.
[9] OLSON, H., et al.: A System for Recording and Reproducing Television Signals. RCA Rev. **15** (1954) 3, S. 3–17.
[10] MULLIN, I. T.: Video Magnetic Tape Recorder. Tele-Tech a Electronic Industr. (Mai 1954), S. 77, S. 127–129.
[11] o. V.: VERA, a new equipment for recording television signals on magnetic tape. Electron. Eng. (Juni 1958), S. 378 ff.
[12] SILVIE, W.: Magnetic tape recording: moving-head techniques. Industr. Electr. **4** (1966) H. 9, S. 406–410.
[13] WERTMANN, L.: Video recording methods. Electron. World **75** (1966) H. 5, S. 32–34.
[14] SNYDER, R.: Video Tape Recorder uses revolving heads. Electronics (August 1957), S. 138–144.
[15] URBANSKI, B.: Der gegenwärtige Entwicklungsstand der Fernseh-Bildspeicherung im Zentrallaboratorium des Polnischen Rundfunks. Bul. t. r. it. **6** (1961) H 1, S. 1–18.
[16] Patentschrift 45 065, Kl 21a¹, 32/11.
[17] BACKERS, F. TH., und WESSELS, U. H.: Magnetische Fernsehaufzeichnung mit einer Einkopf-Anlage. NTZ (1962) H. 12, S. 644–649.
[18] SCHÜLLER: DBP 927999.
[19] SAWAZAKI, N., et al.: A news Video-Tape Recording System. J. SMPTE **69** (1960) 12, S. 868.
[20] WESSELS, I. H.: Magnetische Aufzeichnung von Fernsehbildern auf einem Speicherrad. Philips Techn. Rdsch. **22** (1960/61) 2, S. 37 ff.
[21] HAAS, A.: „Optacord 500", ein Bildbandgerät für das industrielle Fernsehen. Kino-Technik **16** (1962) 11, S. 279–281.
[22] LANGE, H. K. DE: Ein Video-Magnetbandgerät für nichtprofessionelle Anwendung. Philips Techn. Rdsch. **26** (1965) H. 7, S. 169–179.
[23] HORSTKORTA, D. A.: Design Parameters for a Postable Broadcast Television Tape Recorder. J. SMPTE **73** (1964) 6, S. 476–478.
[24] ZENEL, I. A.: Fernseh-Magnetband-Aufzeichnung bei geringer Frequenzbandbreite, im Tiros-Satelliten verwendet. J. SMPTE **70** (1960) 11, S. 818–820.
[25] ROIZEN, J.: Ampex Home Video Recorder. Electron. World **75** (1966) H. 5, S. 52–54.
[26] POPKIN, CLURMAN: Telechrome JVC 2 Head Videotape recorder. IRE-Trans. on Broadcasting (1962) VC-8 Nr. 1, S. 14–23.
[27] WITTACKER, L. B.: Chosing a videotape recorder. Ind. Electr. **5** (1967) 12, S. 530–534.
[28] SILVIE, W.: Domesting video recording. Telev. Soc. J. **11** (1966) 6, S. 122–127.
[29] LEE, U. G.: How design of tape transport mechanism improves performance of TV tape recorder. Broadcast New **107** (1960) H. 3, S. 22–28.
[30] SCHMIDT, G.: Magnetische Bildaufzeichnung — eine moderne Fernsehstudiotechnik. Funktechnik **21** (1967) S. 814–818 und **22**, S. 851–852.
[31] ABBENATE, R. E.: Newest High Band Color TV Recorder. Broadcast News **131** (1966) 12, S. 29–33.
[32] WÄSSERLING, H. G.: Die Messung mechanischer Fehler an Magnetbandlaufwerken und ihre Auswirkung auf gespeicherte Videosignale. Diss. Hannover 1966, Kurzfassung in VDI-Zeitschrift **109** (1967) H. 3.

[33] HARRIS, A.: Some Recent Developments in Time-Base Error Correction. ITVS – 26, Montreux, Mai 1961.
[34] PUSSET, L. A.: Bestimmung der zulässigen Bandlaufschwankungen bei der Aufzeichnung und Wiedergabe von Fernsehbildern. Mittlg. d. Inst. f. Schallaufz. Moskau, H. 6 (1959), S. 47–52.
[35] ZÖBISCH, W.: Synchronisationsverfahren für die magnetische Videosignalspeicherung. Techn. Mittlg. BRF **5** (1961) 2, S. 66–71.
[36] MESSERSCHMIDT, O.: Die visuelle Störwirkung horizontaler Bildstandsschwankungen beim Fernsehen. RTM **4** (1960) H. 2, S. 74–79.
[37] TAGER, P.: Image Distorsions Due to Misalignement of Head Wheel and Vacuum Guide. J. SMPTE **73** (1964) 12, S. 1029–1031.
[38] HARRIS, A.: Time Base Errors and their Correction in Magnetic Television Recorders. J. SMPTE **70** (1961) 7, S. 489–494.
[39] LIND, A. W.: A Standard for Positioning the Vacuum Guide in Transverse Track Video-Tape Recorders. J. SMPTE **70** (1961) 7, S. 485–489.
[40] WALTER, H. G.: Aufzeichnung und Wiedergabe von Standbildern mit dem Folienspeicher. Elektron. Rdsch. **16** (1962) 3, S. 97–100.
[41] ROBINSON, D. P.: Slow-motion Video Tape Playback. Wireless World **72** (1966) H. 12, S. 615–618.
[42] HOPF, H.: Die Einzelbild- und Zeitlupenwiedergabe bei Videoaufzeichnungsgeräten. Radio mentor **32** (1966) H. 12, S. 990–994.
[43] FUNK, H.: Die Zeitlupe im Fernsehen. Radio mentor electronic **33** (1967) 7, S. 526 bis 527.
[44] DUINKER, S.: Short-wavelength response of magnetic recording heads with rounded gap edges. Philips Res. Reports **16** (1961) Nr. 4, S. 307–322.
[45] GEN NISHINOMIYA und NIKOYATA ABE: Die Anwendung von Ferritkristallen für Videomagnetköpfe. The technicals journals of Japan broadcasting corporation **18** (1966) 1, S. 1–20.
[46] PELOSCHEK, H. P., and VROLIJKS, M. H. M.: Dense ferrites and the technique of glass bonding for magnetic transducer heads. Conf. on Magnetic Recording, London 1964, S. 82–84.
[47] SAKAI JOSKO und CHOVI KENDZI: Temperatur des Bandes im Videobandgerät. Z. Terebidzen (1963), 17, Nr. 11, S. 688–690, 700.
[48] KORNETZKI, M.: Meßergebnisse an hochpermeablen Ferritkernen. Z. f. angew. Physik **3** (1951) 1, S. 5–9.
[49] SCHMIDTBAUER, O. und ALTMANN, K.: Über den Einfluß des Magnetbandes auf die Qualität der Videoband-Aufzeichnung. RTM **6** (1962), S. 7–14.
[50] HABERMANN, W.: Drop-out-Kompensation bei der Wiedergabe magnetischer Farbfernsehaufzeichnungen. RTM **10** (1966) 1, S. 33–36.
[51] o. V.: Drop-out Compensation in Magnetic Video Tape Recording. IEEE Conv. Rec. Teil **7** (1963), S. 25–28.
[52] GEDDES, W.: Drop-out in Video Tape Recording. BBC-Monogr. **57** (1965).
[53] VASILEVSKIJ, I. A.: Die Bestimmung einiger Qualitätsparameter von Magnetbändern und Speicheranlagen. Technika kino i televidenija **5** (1965), S. 18–24.
[54] HAYASHI, K.: Reibungselektrische Ladungserscheinungen und antistatische Behandlung von Video-Magnetbändern. Techn. J. of Japan Broadc. Corp., Vol. **16** (1964) Nr. 2.

2. Filmtransportwerke

Von Gerhard Boden

In den anderen Bänden dieser Reihe und auch in anderen Abschnitten dieses Bandes sind Transportwerke für Magnetband betrachtet. Durch die Perforation des Speichermaterials weisen die Transportwerke für Magnettonfilm demgegenüber eine Reihe von technischen Abweichungen auf. Diese Eigenarten gelten gleichermaßen für den durchgehend magnetitbeschichteten Film wie für den kombinierten Bild-Ton-Film, bei dem zu beiden Seiten der Perforation Magnetitspuren aufgebracht sind.

Die Verwendung des perforierten Speichermaterials ist für die Bildprojektion noch heute allgemein üblich. Außerdem ist die zusätzliche Anordnung der Toninformation auf dem Bildträger eine ökonomische Notwendigkeit. Um trotz des unstetigen Filmtransports für die Bildwiedergabe eine weitgehend gleichförmige Transportgeschwindigkeit desselben Filmes am Ort der Tonabtastung zu erzielen, sind geeignete Maßnahmen zu treffen.

Mittels einer gleichmäßig rotierenden Zahnrolle und der Perforation wird zwar ein formschlüssiger Antrieb erzielt und damit eine im Mittel gleichförmige Geschwindigkeit garantiert, infolge technisch unvermeidbarer Toleranzen in den Perforationsschritten und der Zahnteilung der Transportrollen ergibt sich jedoch stets ein etwas ungleichförmiger Filmtransport. Diese Einflüsse müssen durch Zusatzmaßnahmen weitgehend ausgeschaltet werden, da sie die Tonwiedergabe verschlechtern. Bei der tonsynchronen Filmproduktion überwiegen die Vorzüge des formschlüssigen und damit schlupffreien Antriebs erheblich die oben genannten Mängel. Die über die Netzfrequenz gehaltene Zwangssynchronität zwischen Bild- und Toninformation erleichert alle Schnitt- und Mischarbeiten wesentlich.

Der zusätzliche Aufwand zur Erzielung der benötigten gleichförmigen Transportgeschwindigkeit ist beim Magnettonfilm-Transportwerk wesentlich höher als beim Bild-Ton-Gerät (Projektor). Die spezifischen Probleme des Filmtransports sollen deshalb am Beispiel des zuerst genannten Geräts beschrieben werden.

2.1. Magnettonfilm-Transportwerk

Schon bei oberflächlichem Vergleich eines Band- und eines Filmtransportwerks fallen einige charakteristische Unterschiede ins Auge. Dagegen besitzen die Filmgeräte eine unübersehbare Ähnlichkeit mit den früher üblichen Lichtton-Aufnahmeeinrichtungen. In der Tat sind diese, und nicht die Magnetton-Bandgeräte, das zugehörige Vorbild.

Auch die Magnettonfilme selbst sind direkte Nachkommen der Lichttonmaterialien: Sie besitzen dieselben Abmessungen, die gleichen mechanischen Eigenschaften, zum Teil sogar noch dieselbe Unterlage auf Acetylcellulose-Basis.

Die hohe mechanische Beanspruchung des Filmes an der Perforation verlangt entsprechende Festigkeit und damit relativ dickes Material (etwa 150 μm). Bei der handelsüblichen Filmlänge von z. B. 300 m für 35-mm-Film muß die Masse der Filmrolle bereits durch genügend kräftige Transportelemente und Antriebsteile berücksichtigt werden. Alles gemeinsam führt dann zum charakteristischen Aussehen solcher Transportwerke. Abb. 1 zeigt dazu die von der DEFA-Zentralstelle für Filmtechnik in Berlin entwickelte „Magnetfilmkamera" MK 35.

Nach den eingangs getroffenen Feststellungen besteht die Aufgabe des Antriebsteils vornehmlich darin, einen Informationsträger an mindestens einer

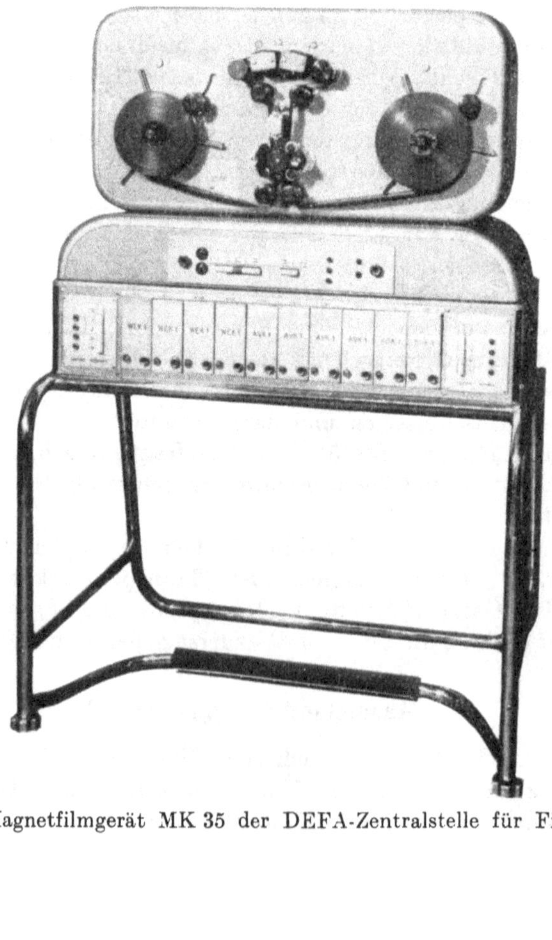

Abb. 1. Studio-Magnetfilmgerät MK 35 der DEFA-Zentralstelle für Filmtechnik Berlin

diskreten Stelle (Ort der Informationswandler) beschleunigungsfrei und ohne Schlupf zu transportieren. Dazu sind gerätetechnisch zwei grundsätzliche Möglichkeiten gegeben: Das angetriebene Gerät und das Durchzugsgerät.

2.1.1. Angetriebenes Gerät

Im angetriebenen Gerät wird der Hauptbestandteil zur Erzielung eines guten Gleichlaufs, die Schwungrolle, über Riemen, Kette, Getriebe oder eine andere geeignete Einrichtung angetrieben. Bei richtiger Dimensionierung von Arbeitsdurchmesser und Zahnteilung gelingt es, die Perforationskanten nur zugseitig zu berühren und damit einen weitgehend stoßfreien Antrieb zu gewährleisten. Zusätzlich wird die Schwungrolle über eine elastische Kupplung vom eigentlichen Antrieb getrennt, um störende Einflüsse von dieser Seite nach Möglichkeit abzufangen.

Trotzdem gelingt es bei dieser Ausführung nicht vollständig, eine Störfrequenz von 96 Hz zu unterdrücken. Der Fehler resultiert daraus, daß der Film unterschiedlicher Schrumpfung unterworfen ist (u. a. abhängig von der Temperatur und Luftfeuchtigkeit) und Perforationstoleranzen (24 Bilder zu je vier Perforationslöchern Höhe werden pro Sekunde transportiert) zu der genannten Frequenz führen.

Das angetriebene Gerät wurde deshalb völlig durch das Durchzugsgerät abgelöst.

2.1.2. Durchzugsgerät

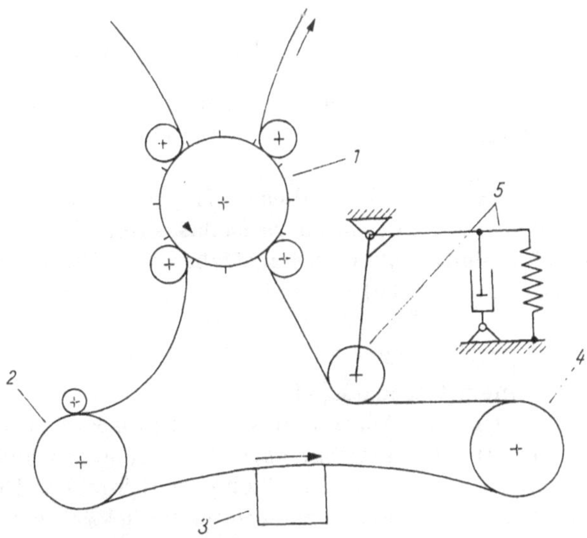

Abb. 2. Filmlauf in einem Durchzugsgerät
1 = Transportrolle und vier Andruckrollen; *2* = Bremsrolle; *3* = Hörkopf; *4* = Schwungrolle; *5* = Pendelrolle mit Feder und Dämpfung

Die gleichlaufbestimmende Schwungrolle besitzt hierbei keine Zähnung und wird vom Film selbst angetrieben. Lediglich zur Verkürzung der Anlaufzeit wird sie über einen Hilfsantrieb bis kurz unter ihre Betriebsdrehzahl gebracht. Die erforderliche Transportgeschwindigkeit wird dem Film über eine oder mehrere Transportrollen (Zahnrollen) vermittelt, die sich außerhalb des Durchzuggeräts befinden. Damit sind der Antrieb und die Unterdrückung der hierdurch entstehenden Ungleichförmigkeiten räumlich getrennt. Die bei dem Gerät übliche Filmführung zeigt Abb. 2.

2.1.3. Wickelvorrichtung

Die Bedeutung der Aufwickel- und Abzugsvorrichtungen ist beim Filmtransportwerk geringer als beim Bandtransportgerät, da ein „Durchgriff" über die Zahnrolle hinweg ausgeschlossen ist. Trotzdem ist eine Filmzugregelung erforderlich, die für eine gleichförmige Belastung des Films unabhängig vom Wickeldurchmesser sorgt, einen genügend festen Wickel ergibt und so gleichmäßig wirkt, daß das Nachziehen einzelner Lagen im Wickel und damit Oberflächenbeschädigungen vermieden werden.

Da mit wachsendem Wickeldurchmesser die Drehzahl der Wickelfriktion abnimmt, wird ein ansteigendes Drehmoment benötigt. Die notwendige Korrektur wird in der Regel elektrisch am Wickelmotor ausgeführt. Die Abtastung des Wickeldurchmessers kann dabei mechanisch oder photoelektrisch erfolgen. Eine genauere Darstellung der mechanischen Eigenschaften der Antriebseinheit erübrigt sich wegen der grundsätzlichen Ähnlichkeit mit Bandtransportwerken.

2.2. Ursachen der Tonhöhenschwankung

Beim Bandtransportwerk sind im wesentlichen Exzentrizitäten, Bandlängsschwingungen und Lagerfehler die Ursache für einen nichtkonstanten Bandtransport.

Beim Film ist — ein Vorteil des dicken Trägers — die Eigenschwingung, vornehmlich in Transportrichtung, zu vernachlässigen. Der Einfluß von Perforations- und Zahnteilungsfehlern tritt zusätzlich auf. Hierzu soll die Wirkung einer Exzentrizität mit dem Einfluß der Perforation verglichen werden.

2.2.1. Auswirkungen der Perforationsfehler

Die bereits erwähnten Ungenauigkeiten in Perforation und Zahnteilung führen naturgemäß zu Unregelmäßigkeiten im Filmtransport. Die Abmessungen der Perforationsschritte (Unmittelbar nach dem Schneiden und Lochen) sind $4{,}75 \pm 0{,}01$ mm bei 35-mm-Film und $7{,}62 \pm 0{,}01$ mm bei 16-mm-Film [1]. Die Zahnteilung entspricht diesen Maßen unter Berücksichtigung einer mittleren Filmschrumpfung von 0,3% bei Sicherheitsfilm.

Ohne einen Zahnrollenteilungsfehler ergibt bereits die volle Ausnützung der Perforationstoleranz einen maximalen Transportfehler bei 35-mm-Normalfilm von

$$\frac{\Delta s}{s} = \frac{0{,}02}{4{,}75} = 4{,}2 \cdot 10^{-3} = 0{,}42\%$$

und bei Schmalfilm 16 mm von

$$\frac{\Delta s}{s} = \frac{0{,}02}{7{,}62} = 2{,}62 \cdot 10^{-3} = 0{,}26\%.$$

In beiden Fällen sind die Abweichungen so groß, daß ihre Störungen ausgefiltert werden müssen.

2.2.2. Fehler der Schwungrolle

Die Schwungrolle möge einen Laufbahndurchmesser von 35 mm und einen Gesamtschlag (Rollenexzentrizität und Lagerspiel) von 10 μm besitzen. Da völlig lineare Verhältnisse bestehen, kann die Änderung der Umfangsgeschwindigkeit direkt auf die Exzentrizität zurückgeführt werden:

$$\frac{\Delta s}{s} = \frac{10}{35 \cdot 10^3} = 0{,}286 \cdot 10^{-3} = 0{,}0286\%.$$

Die Einflüsse der Rollenexzentrizitäten liegen somit bei genügend hoher Präzision der mechanischen Ausführung um eine Größenordnung unter denen der Perforationsungenauigkeiten. Die hierdurch bewirkten Gleichlauffehler sind nicht mehr wahrnehmbar.

Die tatsächlich meßbaren Werte liegen jedoch weit höher. Die Ursache liegt dazu im Informationsträger selbst, vornehmlich in seiner Elastizität, und in der Lagerreibung der Schwungrolle. Für Geräte der Tonstudiotechnik sind Gleichlauffehler von etwa 0,15% noch zulässig. Die Tendenz führt allerdings zu Werten unter 0,1%, da sich bei mehrmaliger Umzeichnung der Information eine unkontrollierbare Vergrößerung ergeben kann.

2.3. Mechanische Filter

Nach der vorangegangenen Betrachtung ist bei den Filmtransportwerken stets eine Verringerung der Gleichlauffehler, insbesondere der subjektiv besonders stark störenden niederfrequenten Anteile um 4 Hz, unumgänglich. Sie erfolgt durch mechanische Filter, schwingungsfähige Feder-Masse-Systeme. Der besseren Wirksamkeit wegen sollte ein Teil der Einrichtung (in der Praxis stets die Masse) möglichst in der Nähe der Magnetköpfe liegen. Wegen der frequenzabhängigen Störfähigkeit von Gleichlauffehlern ist der mögliche Frequenzbereich abzuschätzen. Die tiefsten Störfrequenzen ergeben sich über die Drehzahlen der Transport- und Führungsrollen. Sie liegen in der Regel bei 3 Hz. Die stärkste Komponente bei höheren Frequenzen liefern die bereits genannten 96 Hz der Perforation.

2.3.1. Elektrisch-mechanische Analogie

Von der Funktion her ist das erforderliche Filter ein Tiefpaß mit der Bedingung, daß seine Resonanzfrequenz ω_0 klein gegen die tiefste auszusiebende Störfrequenz ω_T des Antriebssystems ist (massegehemmtes System) (vgl. Bd. 2 dieser Reihe). Unter Vernachlässigung der nichtlinearen Reibungsanteile gilt dann die Gleichung

$$F = m \frac{d^2 x}{d t^2} + r \frac{d x}{d t} + c x \tag{1}$$

mit

m = Masse,

r = Reibung,

$c = \frac{1}{n}$ = Federkonstante,

n = Nachgiebigkeit der Feder.

Wird die Geschwindigkeit $\frac{d x}{d t}$ als Spannung u angesehen, so ist Gl. (1) formal identisch der Gleichung eines elektrischen Reihenschwingungskreises aus der Kapazität C, dem Widerstand R und der Induktivität L

$$i = C \frac{d u}{d t} + \frac{1}{R} u + \frac{1}{L} \int u \, d t \,. \tag{2}$$

Für die hierdurch festgelegte elektrisch-mechanische Analogie [2] folgt dann zwangsläufig

$F \mathrel{\hat{=}} i,$

$m \mathrel{\hat{=}} C,$

$n \mathrel{\hat{=}} L,$

$r \mathrel{\hat{=}} 1/R.$

Mit dieser Kenntnis ist es möglich, die mechanische Anordnung in einen topologischen (schaltungstreuen) elektrischen Kreis umzuformen.

2.3.2. Theoretische Probleme

Ein einfaches und in der Praxis häufig angewendetes Filtersystem besteht aus zwei Schwungrollen und einer bedämpften Pendelrolle (Abb. 3). Das mechanische und das daraus abgeleitete elektrische Ersatzschaltbild sind in Abb. 4 dargestellt. Es zeigt sich, daß selbst bei Berücksichtigung nur der wesentlichsten Störquellen (Filmschwingungen, Reibungsgrößen an den Wandlerspiegeln und der Filterdämpfung) die Ersatzschaltung sehr unübersichtlich wird. Dazu kommt, daß ein Teil der Reibung nichtlinearen Charakter besitzt, so daß die Vorzüge der Analogiebetrachtung nicht mehr zur Geltung kommen. Die bisher erschienenen Arbeiten über die Theorie und die Dimensionierungsprobleme mechanischer Filter [3], [4], [5] führen somit nicht zum gewünschten Ergebnis und bedürfen einer erheblichen Korrektur. Es sind darüber hinaus Untersuchungen erforderlich, um den Einfluß verschiedener Faktoren (z. B. den einer Umlenkrolle oder der Reibungsprobleme an der Filterdämpfung) festzustellen. Aus den genannten Gründen soll hier auf eine theoretische Betrachtung verzichtet werden.

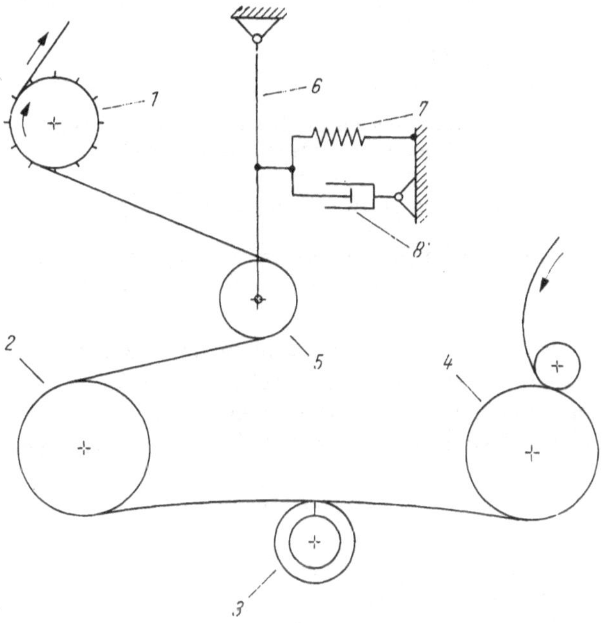

Abb. 3. Mechanisches Filter (Feder-Masse-System)
1 = Transportrolle; *2* = Schwungrolle; *3* = Hörkopf; *4* = Bremsrolle; *5* = Pendelrolle; *6* = Pendelrollenhebel; *7* = Feder; *8* = Dämpfung

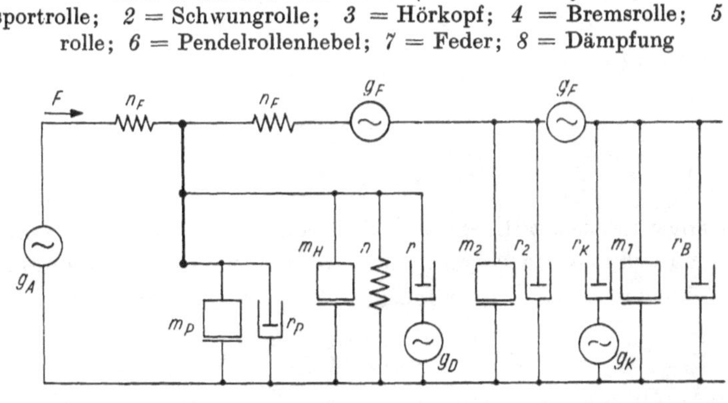

Abb. 4a. Mechanisches Ersatzschaltbild des Filters nach Abb. 3
F = eingeprägte Kraft; g_A = Störeinflüsse vom Antrieb; g_F = Störeinflüsse vom Film; g_D = Störeinflüsse von der Kolbenpumpe (Dämpfung); g_K = Störeinflüsse vom Kopf; n_F = Nachgiebigkeit des Films; n = Federnachgiebigkeit; r = Dämpfung; r_P = Pendelrollenreibung; r_2 = Schwungrollenreibung; r_K = Kopfreibung; r_B = Bremsrollenreibung; m_H = Pendelhebelmasse; m_P = Pendelrollenmasse; m_1 = Schwungrollenmasse 1; m_2 = Schwungrollenmasse 2

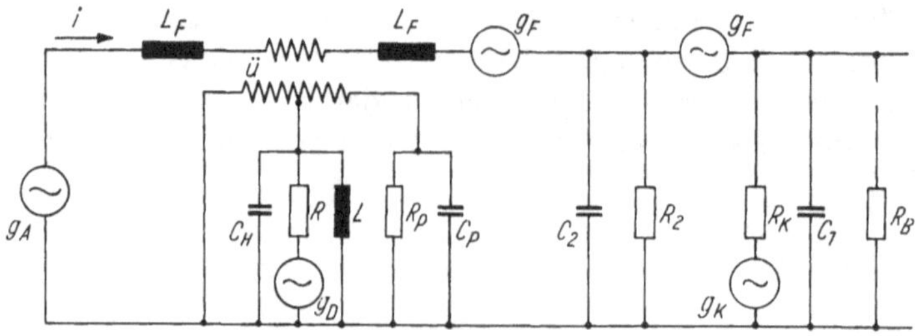

Abb. 4b. Analoges elektrisches Ersatzschaltbild
$\ddot{u}$ = Übersetzungsverhältnis des Pendelhebels

2.3.3. Wahl der Resonanzfrequenz

Die folgenden Erläuterungen stellen im wesentlichen Erfahrungswerte dar, die einer experimentellen Dimensionierung mechanischer Filter zugrunde gelegt werden können.

Lineare Verhältnisse vorausgesetzt, können unter Beachtung der benutzten elektrisch-mechanischen Analogie entsprechende Gleichungen aus der Elektrotechnik herangezogen werden. So erhält man mit der Masse m und der Nachgiebigkeit n für die Wirksamkeit eines Siebgliedes die Näherung

$$\frac{V_1}{V_2} \approx \omega_T^2 \, m \, n \, . \tag{3}$$

Darin ist V_1 die eingeprägte Störgröße, V_2 die verbliebene Reststörgröße und ω_T die tiefste auftretende Störfrequenz. Bei einem vorgegebenen $V_1 : V_2$-Verhältnis kann dann die erforderliche Eigenfrequenz ω_0 des Filtersystems berechnet werden.

Für $\frac{V_1}{V_2} \geqq 10$ ergibt sich

$$0{,}1\,\omega_T^2 = \frac{1}{m\,n}\,,$$

$$0{,}1\,\omega_T^2 = \omega_0^2\,. \tag{4}$$

Wenn bei einer tiefsten auftretenden Störfrequenz ω_T der Filterfaktor besser als 10 werden soll, ist die Eigenfrequenz ω_0 des Systems mindestens um den Faktor $\sqrt{10}$ kleiner als ω_T anzunehmen.

2.3.4. Reibungsgrößen

Theoretisch macht es natürlich keine Schwierigkeiten, die Resonanz noch tiefer als die sich hier ergebenden etwa 0,9 Hz zu wählen. Eine technische Grenze ist jedoch dadurch gegeben, daß die Kopplung zwischen Masse und Feder (Pendelrolle) über den Film erfolgt. Es muß gewährleistet sein, daß die Haftreibung des Films auf der Rolle ausreicht, diese schlupffrei zu transportieren. Die Lagerreibung der Schwungrolle muß demnach so klein wie möglich sein, andererseits wären ein sehr großer Umschlingungswinkel und ein großer Filmzug Bedingung (Abb. 5). Es ist also nachzuweisen, daß das Moment der Rollenreibung M_R kleiner ist als das der Haftreibung zwischen Film und Laufbahn der Schwungrolle:

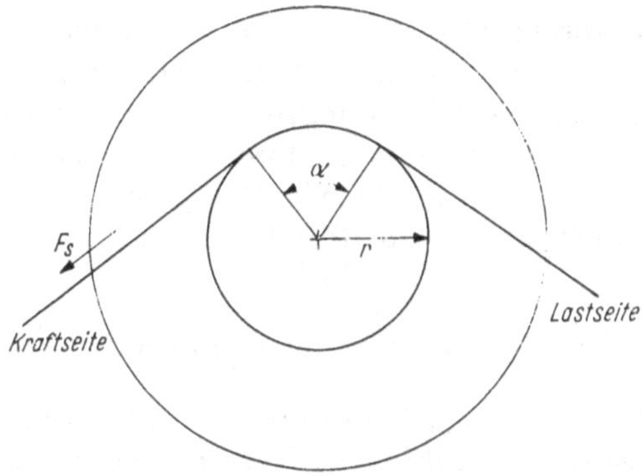

Abb. 5. Seilreibung
α = Umschlingungswinkel; F_s = Filmzugkraft; r = Schwungrollenradius

$$M_H > M_R . \tag{5}$$

Für die Haftreibung gilt (vgl. Bd. 2 dieser Reihe)

$$M_H = F_s\, r(e^{\mu\alpha} - 1) \tag{6}$$

F_s = Filmzugkraft,

r = Laufbahnradius,

α = Umschlingungswinkel,

μ = Haftreibungskoeffizient Film/Rolle.

Damit ergibt sich die erforderliche Filmzugkraft am Ort der Laufbahn

$$F_s > \frac{M_R}{r(e^{\mu\alpha} - 1)} . \tag{7}$$

Übliche Werte liegen bei 3 N bis 8 N (0,3 kp bis 0,8 kp). Die höheren Kräfte gelten für Normalfilmprojektoren.

2.3.5. Ausführung der Schwungrolle

Im Interesse einer guten Filterwirkung ist die Schwungrollenmasse m bzw. deren Trägheitsmoment $m\, r_1^2$ möglichst groß zu wählen. Der Gesamtdurchmesser $2\, r_1$ der Rolle wird deshalb größer als der Laufbahndurchmesser $2\, r_2$ angesetzt. Die wirksame Masse ist dann

$$m_{eff} = m \frac{r_1^2}{r_2^2} \tag{8}$$

und die zur Einhaltung der vorgegebenen Resonanzfrequenz benötigte, auf den Film reduzierte Nachgiebigkeit n_{eff} des Systems

$$n_{eff} = \frac{1}{\omega_0^2 \, m_{eff}} . \tag{9}$$

Bei unperiodischen Störungen, z. B. beim Anlaufen der Maschine oder bei Filmklebestellen, wird das Filter in seiner Eigenfrequenz angestoßen. Um diese Schwingungen möglichst schnell abklingen zu lassen, ist zu den stets vorhandenen Lagerreibungen eine Dämpfung erforderlich, meist als Luftkolbendämpfung ausgeführt. Da mit zunehmender Dämpfung die Durchlässigkeit des Systems steigt, ist ein Optimum experimentell einzustellen.

2.3.6. Weitere Maßnahmen

Es ist selbstverständlich möglich, das bisher beschriebene mechanische Filter durch weitere wirksame Elemente zu verbessern. Die Ausführung nach Abb. 6 wird besonders häufig bei Magnettonfilm-Transportwerken verwendet. Die in Abb. 3 gezeigte Bremsrolle zur Vergrößerung der Haftreibung des Films auf der Schwungrolle *1* und zur Aufnahme der auf den Film wirkenden Federkraft ist hier durch eine zweite Pendelrolle ersetzt worden. Gleichzeitig ist eine zweite

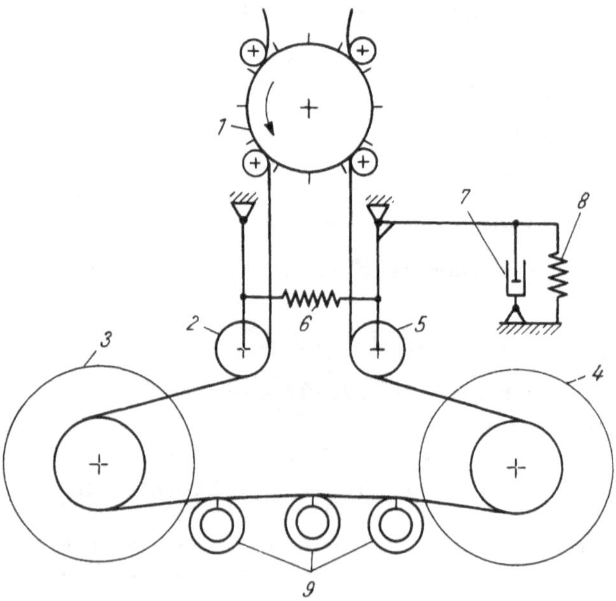

Abb. 6. PEDERSEN-POULSEN-System
1 = Transportrolle; *2* = Pendelrolle 2; *3* = Schwungrolle 2; *4* = Schwungrolle 1; *5* = Pendelrolle 1; *6* = Koppelfeder; *7* = Dämpfung; *8* = Feder; *9* = Magnettonköpfe

angetriebene Transportrolle als Vorwickelrolle vorhanden. Der wesentliche Vorteil dieses Prinzips besteht im Fortfall der Bremsrolle, die in der Praxis meist als Friktionsbremse ausgeführt ist. Wegen nichtlinearer Reibungsverhältnisse wirkt sie jedoch häufig als Störgenerator. Die zweite Pendelrolle kann in gleicher Weise wie die bereits vorhandene mit dem Gehäuse des Transportwerks verbunden werden.

Die dargestellte Variante, das PEDERSEN-POULSEN-System (nach dänischen Filmtechnikern benannt), verbindet, wie es die Abbildung zeigt, die zweite Pendelrolle mittels ihrer Feder mit der ersten Rolle. Eine Dämpfung der zweiten Rolle ist dann nicht erforderlich; das übernimmt die Kolbenpumpe der ersten Pendelrolle. Zusätzlich ergibt sich die Möglichkeit, die Nachgiebigkeit der Federn zu vergrößern. Bezüglich ihrer Filterwirkung verhalten sich beide Varianten gleich.

Prinzipiell hat sich gegenüber Abb. 3 durch die zweite Pendelrolle nichts geändert. Es liegt lediglich eine zweckmäßigere, weil Störungen vermeidende Dimensionierung vor. Das Hinzufügen weiterer „Schaltelemente" führt nur zu weiteren Parallel- oder Reihenschaltungen im Feder-Masse-System. Der Aufbau „mehrkreisiger" Filterschaltungen, wie sie in der Elektrotechnik die Regel sind, ist an dieser Stelle nicht möglich.

Es ist deshalb sofort verständlich, wenn neuere Entwicklungen wieder zur Vereinfachung der Schaltung und einer optimalen Dimensionierung führen [6]. Abb. 7 zeigt eine Ausführung, die auf einige, bislang als zweckdienlich oder gar notwendig angesehene Einzelheiten verzichtet. Besonders interessant ist die Wiedereinführung der Bremsrolle zur Einstellung der erforderlichen Filmzugkraft, dagegen wird die notwendige Haftreibung zwischen Film und Rollenlaufbahn ohne Umschlingung, nur mittels Andruckrollen hergestellt. Um die Transportfehler der Nachwickelrolle (Transportrolle *2*) nicht bis an die Schwungrolle bzw. die Wandler wirksam werden zu lassen, ist eine Doppelpendelrolle eingefügt. Dieses Transportwerk nähert sich damit in der Funktion der Filterelemente und in deren Anordnung erstmals den Magnettonband-Transportwerken.

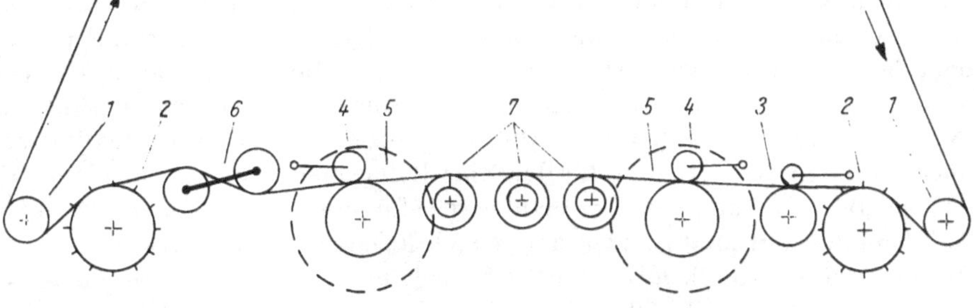

Abb. 7. Filmlauf in einem modernen Magnetfilmgerät
1 = Umlenkrolle; *2* = Transportrolle; *3* = Bremsrolle; *4* = Gummiandruckrolle; *5* = Schwungrolle; *6* = Doppelpendelrolle; *7* = Magnettonköpfe

2.4. Maßnahmen zur Erzielung eines optimalen Filmtransports

Die bisher gezeigten Maßnahmen dienen ausschließlich der Realisierung eines bestmöglichen Gleichlaufs, d. h. eines beschleunigungsfreien Transports des Speichermaterials. So wichtig dieser ist, um die überaus kritischen Tonhöhenschwankungen zu unterdrücken, so ist es doch nicht die einzige für eine optimale Tonwiedergabe notwendige Forderung. Dazu gehören außer den hier nicht interessierenden elektrischen Voraussetzungen ein einwandfreier Kontakt zwischen Magnettonfilm und Wandler, die bestmögliche Unterdrückung von Filmlängsschwingungen und eine gute Führung des Speichermaterials quer zur Transportrichtung. Die beiden letztgenannten Faktoren spielen beim Magnettonfilm aber nur eine untergeordnete Rolle.

2.4.1. Querführung

Die Querführung kann zunächst durch den formschlüssigen Transport als ausreichend angesehen werden. Die Neigung zur seitlichen Verschiebung zwischen den Transportrollen ist auf Grund der mechanischen Filmeigenschaften gering. Für die zusätzliche Führung werden in der Regel nichtangetriebene Rollen mit seitlichem Bund eingesetzt. Auf den Schwungrollen erfolgt meist keine seitliche Führung. Auf eine „Dreipunktführung", wie sie bei den Bandtransportwerken vielfach üblich ist, kann hier verzichtet werden.

2.4.2. Film-Kopf-Kontakt

Der gleichmäßige Kontakt zwischen Speichermaterial und Wandler wird durch genügend große Filmzugkraft wie auch durch zusätzliche Umschlingung des Spiegels erzielt. Während bei Bandtransportwerken die Anordnung der Wandler auf einem Kreisbogen dazu hinreichend ist, erforderte derselbe gute Kontakt beim Magnetfilm wegen dessen großer Materialsteife einen sehr hohen Filmzug. Außerdem ist der Film meist leicht verwölbt, und die nutzbare Speicherbreite beträgt in der Regel nicht mehr als 3,5 mm je Kanal (z. B. bei stereophonen Aufzeichnungen). Ungleicher Kontakt führt aber zu falschen Signalrelationen und somit zu unbefriedigender Wiedergabe. Von Vorteil ist deshalb eine S-förmige Führung des Filmes, weil damit leichter eine weitgehende Ebnung über die gesamte Speicherbreite erreichbar ist. Hierfür werden häufig sog. Umschlingungsrollen angewendet, die ein wenig unter die Verbindungslinie der Wandlerspiegel tauchen (Abb. 8). Ob Rollen oder feststehende Umschlingungsböcke vorteilhafter sind, muß für den Einzelfall geklärt werden. In jedem Falle ist eine Beeinflussung des Gleichlaufs zu befürchten: entweder durch unvermeidbare Exzentrizitäten oder durch nichtlineare Reibungseffekte mit ihren Folgen. Die erforderliche Filmzugkraft liegt unter den genannten Voraussetzungen bei 3 N bis 5 N (300 p bis 500 p), der Andruck an die Wandlerspiegel bei etwa 0,4 N (40 p). Beide Zahlenangaben sind jedoch nur Näherungswerte und können nach beiden Richtungen abweichen.

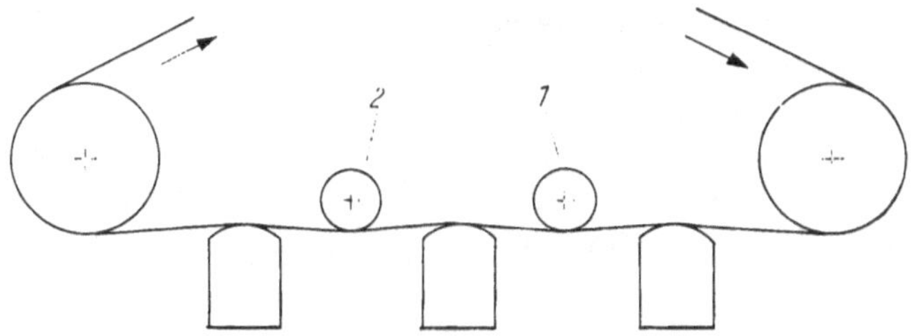

Abb. 8. Leitrollen (1 und 2) zur Einstellung der erforderlichen Umschlingung

2.4.3. Weitere Führungsrollen

Ebenfalls dem Ziel eines bestmöglichen und schonenden Filmtransports dienen zusätzliche Andruckrollen, Beruhigungs- und Umlenkrollen. Sie sind aus verschiedenen Materialien gefertigt und weisen unterschiedliche Abmessungen auf. Zum Teil, z. B. zur sicheren Führung des Films vor dem Aufwickeln bzw. nach dem Abziehen, sitzen die Rollen auf Pendelhebeln.

Als Material für Führungs- und Laufrollen setzt sich zunehmend antistatisches Plastmaterial durch. Damit vermindert sich die Gefahr einer Schädigung der gespeicherten Information durch magnetische Geräteteile. Trotzdem ist eine ständige Entmagnetisierung aller restlichen Stahlteile (insbesondere der Schwungrollen) unbedingt erforderlich.

2.5. Transportwerke für kombinierten Bild-Ton-Film

Es wurde bereits auf die Unterschiede zwischen Magnetband- und -filmtransportwerken eingegangen. Beides sind jedoch Geräte der Tonstudiotechnik und somit in gleicher Weise von höchstmöglicher Präzision. Etwas anderer Art sind die Forderungen bei der reinen Reproduktion, insbesondere der kombinierten Bild- und Toninformation im Kinotheater. Eine Weiterbearbeitung erfolgt nicht mehr und damit ist auch keine Qualitätsminderung der gespeicherten Information zu befürchten. Die notwendigen Ansprüche an die Wiedergabeeinrichtung sind damit etwas geringer, insbesondere auf der Tonseite [7], [8].

Die Abstammung der Magnetton-Wiedergabegeräte am Projektor von den Lichttoneinrichtungen der dreißiger und vierziger Jahre ist noch weit auffallender als bei den Aufnahmegeräten im Studio. Die mechanische Ausführung des Lichtton-Wiedergabegeräts wurde im Prinzip beibehalten [9]. Lediglich der Aufbau des Wandlers innerhalb der Schwungrolle war nun nicht mehr möglich, weil die Magnetitspuren auf der Blankseite des Films aufgebracht sind und der Wandler den Informationsträger berühren muß.

Die mechanischen Filter sind auch im Projektor Voraussetzung für eine befriedigende Tonwiedergabe. Allerdings wird der Aufwand nicht so hoch getrieben wie bei den Magnettonfilm-Transportwerken. Die für Projektoren zulässigen Tonhöhenschwankungen liegen mit etwa 0,3% recht hoch. Jedoch sind die in der Praxis erreichten Werte meist besser. Das Filter besteht häufig nur aus zwei Schwungrollen; auf die Pendelrolle wird verzichtet. Die notwendige Nachgiebigkeit wird vom Film selbst aufgebracht. Der Wiedergabekopf sitzt zwischen den beiden Schwungrollen (Abb. 9), die vom Film möglichst weit umschlungen werden müssen (etwa 180°). Die erforderliche Haftreibung des Filmes ist in diesem Fall wesentlich größer.

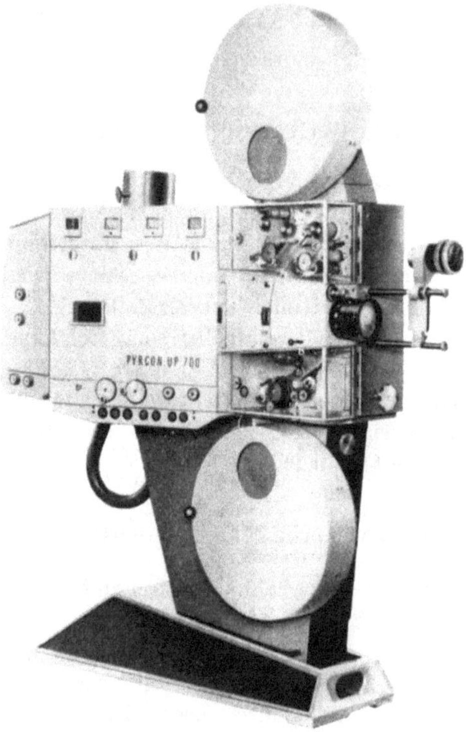

Abb. 9. 70 mm-Projektor „Pyrcon UP 700", VEB PENTACON Dresden

Zu den bereits genannten Ursachen für einen unzureichenden Gleichlauf kommt beim Projektor eine Störfrequenz, die durch den unstetigen Bildtransport verursacht wird. Sie liegt für die übliche Vorführgeschwindigkeit von 24 Bildern je Sekunde (bei Normalfilm) bei 24 Hz. Spezielle Filmverfahren sowie die Fernsehfilmabtastung weichen hiervon geringfügig ab (30 *B* und 25 *B*). Üblicherweise werden deshalb die Tonabtaststellen möglichst weit vom Projektorwerk entfernt angeordnet. Der international genormte Bild-Ton-Versatz beträgt für das Magnettonverfahren auf Normalfilm 28 Bilder nacheilend. Um den Einfluß der benachbarten Abwickelfriktion auszuschließen, befindet sich am Tongerät eine zusätzliche Transportrolle. Sie hat die Aufgabe, den Film aus der oberen Feuerschutztrommel zu ziehen und ihn gleichzeitig durch das als Durchzugsgerät ausgebildete Tonabtastgerät zu transportieren. Einzelne

Hersteller verwenden eine zusätzliche Transportrolle (Nachwickelrolle) vor dem Greiferwerk des Projektors. Die wesentlichsten Störungen werden durch eine lose laufende Filmschleife aufgefangen, die damit als zusätzliches Filter wirkt.

Über die Dimensionierung der Filterelemente bestehen im wesentlichen Erfahrungswerte. Bezüglich einer exakten Berechnung muß auf die im Abschn. 1.2.4. gemachten Ausführungen verwiesen werden.

Der Antrieb der Transportrollen des Tonabtastgeräts erfolgt mittels formschlüssiger Elemente über das Projektorwerk.

Obwohl das Trägermaterial der kombinierten Bild-Ton-Kopie ähnliche mechanische Eigenschaften besitzt wie das des Magnettonfilms – es wurde bereits festgestellt, daß in beiden Fällen zum Teil Acetylcellulose die Ausgangssubstanz ist – sind die Folgen der fotochemischen Bildbehandlung, insbesondere die Schrumpfung und Filmwölbung, nicht zu vernachlässigen.

Die Zahnteilung der Transportrollen kann nicht die statistisch auftretenden Unterschiede in der Filmschrumpfung berücksichtigen. Die zwangsläufige Folge sind erhöhte Unregelmäßigkeiten im Filmtransport, die durch das mechanische Filtersystem ausgeglichen werden müssen.

Die Verwölbung führt zu einer konkaven Krümmung der Emulsionsseite des Films. Die beiderseits der Perforation angeordneten Magnetitstreifen (der Einkanal-Magnetton spielt nur bei Schmalfilm eine bedeutendere Rolle) liegen damit nicht mehr in einer Ebene und berühren die Spiegel der Wandler ungleichmäßig. Eine einwandfreie Wiedergabe der gespeicherten Information ist nur bedingt möglich.

Dieser grundsätzliche Mangel der Magnetton-Randspuren auf Kino-Bildfilm (insbesondere bei 35-mm-Normalfilm) wird noch durch die Art der Herstellung solcher Magnetitstreifen unterstützt: Es wird nachträglich auf den fertigen Bildfilm aufgegossen. Daher sind diese Streifen selten von der elektroakustischen Qualität einer in breiter Fläche gegossenen Schicht. Um trotzdem einen genügend gleichmäßigen Film-Kopf-Kontakt zu erhalten, muß eine hohe Andruckkraft wirken. Diese wiederum verursacht wegen der schmalen Polschuhe der Abtastwandler starken Verschleiß. Einen Kompromiß zu finden, fällt hier recht schwer, da alle beteiligten Parameter – Verwölbung, Profil der Magnetitstreifen und Abnützungsgrad der Wandler – statistischen Veränderungen unterworfen sind. Theoretisch müßte gefordert werden, über eine Filmschleife aus der gleichen Charge wie die vorzuführende Kopie die Wandlerspiegel auf die zu erwartende Verwölbung einzuschleifen. In der Praxis der Filmtheater ist diese Maßnahme natürlich undurchführbar. Die genannten Schwierigkeiten dürften aber mit eine Ursache dafür sein, daß die Vierkanal-Magnettonverfahren auf 35-mm-Normalfilm (Cinemascope, Totalvision und andere) nicht die erwartete Verbreitung gefunden haben. Der 70 mm breite, speziell für das zusätzliche Aufbringen von Magnetitstreifen vorgesehene Film besitzt hier wesentlich günstigere Voraussetzungen. Allein schon deshalb, weil die pro Kanal verfügbare Speicherbreite infolge des vorteilhafteren Spurprofils besser ausgenützt werden kann.

2.6. Transportwerke für Schmalfilm

Anstelle des 35 mm breiten Magnettonfilms wird verschiedentlich 16 mm breites perforiertes Ausgangsmaterial verwendet. Die Voraussetzungen für ein optimales Endprodukt sind bei gleichen elektroakustischen Parametern wegen der besseren mechanischen Werte günstiger. An der Ausführung der Transportwerke ändert sich hierdurch nichts. Aus diesem Grunde erübrigt sich eine gesonderte Behandlung.

Ähnliches gilt bei den Transportwerken für kombinierte Bild-Ton-Filme. Lediglich auf Grund der Tatsache, daß es sich dabei vorzugsweise um halbprofessionelle oder Amateurgeräte handelt, wird die tontechnische Einrichtung, wenn sie überhaupt als Baugruppe des Projektors vorhanden ist, weiter vereinfacht. Zum Teil ist das Tonabtastgerät auch vom Projektorwerk getrennt als Anbaueinheit ausgeführt. Grundsätzliche Besonderheiten, die über das bisher dargestellte hinausgehen, entstehen dabei nicht.

Auch beim 8-mm-Film treten keine prinzipiell neuen Probleme auf. Da die Filmgeschwindigkeit jedoch nur noch $6{,}1 \frac{\text{cm}}{\text{s}}$ beträgt, ist der übertragbare Frequenzumfang gering. Für den Amateur stehen deshalb z. T. spezielle Tonkoppler zum Synchronbetrieb eines Tonbandgerätes oder andere Zusatzeinrichtungen zur Verfügung.

2.7. Literatur

[1] ORWO-Katalog 1966.

[2] Reichardt: Grundlagen der Elektroakustik. 3. Auflage, Akademische Verlagsgesellschaft Geest & Portig KG, Leipzig 1960.

[3] Frielinghaus: Aufbau und Wirkungsweise der Stabilisatoren für den Filmgleichlauf. Bild und Ton **18** (1965), H. 11, Seite 322, H. 12, Seite 354.

[4] Frielinghaus: Die mechanischen Filterelemente für den Filmgleichlauf. Bild und Ton **16** (1963), H. 2, Seite 34, H. 3, Seite 70, H. 4, Seite 98.

[5] Müller: Mechanische Filterung bei Tonfilmmaschinen. Kinotechnik **21** (1939) H. 1, Seite 9.

[6] Schwarz: Neue Wege beim Bau von Magnetfilm-Laufwerken. Kinotechnik **20** (1966) H. 9, Seite 213.

[7] Braune: Der Gleichlauf im Tonfilm stellt hohe Anforderungen. Kinotechnik 8 (1954) H. 12, Seite 383.

[8] Enz: Filmprojektoren, Filmprojektion. Foto-Kino-Verlag 1965.

[9] Lichte und Narath: Physik und Technik des Tonfilms. 3. Aufl., Hirzel-Verlag, Leipzig 1945.

3. Meßdatenaufzeichnung

Von Heinz Lehmann

3.1. Allgemeines

Anfänglich wurde das Verfahren der magnetischen Signalspeicherung ausschließlich für die Aufzeichnung akustischer Ereignisse eingesetzt. Die Magnetbandspeicher waren als Schallaufzeichnungsgeräte konzipiert und entwickelt. Mitte der fünfziger Jahre begann vornehmlich in den USA der Einsatz von Magnetbandspeichern für die Aufzeichnung von Meßdaten.

Die herkömmlichen graphischen Registriereinrichtungen erwiesen sich wegen ihrer geringen oberen Grenzfrequenz — durch die Massenträgheit des Schreibsystems bedingt — für die Aufzeichnung von Schwingungen höherer Frequenz als wenig geeignet. Ein weiterer entscheidender Nachteil der graphischen Verfahren besteht darin, daß die Reproduktion nicht die ursprünglichen Informationen in elektrischer Form ergibt.

Namentlich die Raketentechnik und die Weltraumforschung forderten ein Speicherverfahren, das bei einmaligen schnell ablaufenden Vorgängen und Prozessen die Aufzeichnung der Meßdaten mit später beliebig oft zu wiederholender Reproduktionsmöglichkeit sichert, wobei die ursprünglich eingespeicherten Signale wieder zur Verfügung stehen müssen. Diese Forderung wird durch die magnetische Signalspeicherung geradezu ideal erfüllt.

Zuerst wurden vorhandene übliche Studio- oder Heimmagnetbandspeicher für die Aufzeichnung von Meßdaten mit gutem Erfolg eingesetzt. Je nach dem Charakter der Meßdaten und den Auswerteverfahren entstanden im Laufe der Zeit an die Magnetbandspeicherung neuartige Anforderungen.

Es war notwendig, eine genügende Amplitudentreue und eine Aufzeichnung von tiefsten Frequenzen bis herunter zu Gleichspannungswerten zu erreichen. Hierzu eignet sich die frequenzmodulierte Aufzeichnung. Dadurch werden die dem Magnetbandverfahren physikalisch anhaftenden Amplitudenschwankungen eliminiert.

Weiterhin wurde es wichtig, eine größere Anzahl von Meßkanälen, z. B. Zeitmarken, Temperatur, Druck, Dehnung usw., synchron zu registrieren. Die vielspurige Ausnutzung entsprechend breiten Magnetbandes erfüllte diese Forderung.

Schließlich bot das Magnetbandprinzip einen weiteren wesentlichen Vorteil, wie ihn sonst nur das photographische Verfahren erlaubt: Zeitraffung oder Zeitdehnung. Durch die Wahl verschiedener Bandgeschwindigkeiten bei Aufnahme und Wiedergabe wird eine Transponierung des zu speichernden Frequenzbereiches bewirkt. Dadurch werden in vielen Fällen Meßwerte überhaupt erst der Auswertung zugänglich.

Diese Anforderungen an Magnetbandspeicher für die Aufzeichnung von Meßdaten führten naturgemäß zu einem neuen Gerätetyp für die Meßdatenspeicherung, dem Analogmagnetbandspeicher. Diese eingeführte Bezeichnung weist auf den Unterschied des für binäre Informationsspeicherung ausgelegten Digitalmagnetbandspeichers hin. Sprunghaft stieg die Zahl der eingesetzten Geräte dieser Klasse zur Meßdatenspeicherung an. Ab 1960 erschienen sie auf dem internationalen Markt.

Der wissenschaftliche Fortschritt, die technische Revolution, Rationalisierung und Automatisierung erfordern, daß Meßdaten sicher erfaßt und unverfälscht reproduziert werden, um die Auswertung nicht mehr manuell, sondern mit Hilfe moderner Geräte der elektronischen Datenverarbeitung vornehmen zu können. Dadurch erhält die Meßdatenspeicherung eine Schlüsselstellung für den wissenschaftlich-technischen Fortschritt. Sie ermöglicht eine hochproduktive Auswertung von Daten und damit eine ungleich schnellere Gewinnung von Ergebnissen und Erkenntnissen als unter herkömmlichen Bedingungen.

Die Beschleunigung wissenschaftlicher Vorhaben und die Vervielfachung der Produktivität blieb nicht auf die Raketentechnik und die Weltraumforschung beschränkt. Die ins Auge springenden ökonomischen Vorteile der Meßdatenspeicherung wurden in wenigen Jahren von nahezu allen Bereichen der Forschung und Produktion übernommen. Heute werden Analogmagnetbandspeicher in der Medizin, im Fahrzeugbau, in der Bauakustik, im Turbinen-, Motoren- und Werkzeugmaschinenbau, in der Energieversorgung, im Bergbau, in der Kerntechnik, in der Geologie und Lagerstättenerkundung, im Landmaschinenbau, in der radiologischen Technik, um nur einige Gebiete zu nennen, mit hohem Nutzen eingesetzt. Ständig findet die Meßdatenspeicherung selbst in entlegene wissenschaftliche Gebiete weiteren Eingang. Hierunter fallen Ionosphärenforschung, Ozeanographie, Radioastronomie, Geophysik, Physiologie, Biologie, Katastrophenprognostik, Arbeitsschutz usw.

Es ist prognostisch abzuschätzen, daß künftig die Meßdatenspeicherung bei der Rationalisierung und Automatisierung von Produktionsprozessen in großem Umfang eingesetzt werden wird.

Nationale Standards entstanden in den USA, um die Austauschbarkeit von Magnetbändern auf unterschiedlichen Geräten sicherzustellen. Diese Festlegungen verbreiteten sich durch den Export von Geräten in andere Industriestaaten. Dadurch erhielten Analogmagnetbandspeicher eine gewisse Einheitlichkeit in bezug auf ihre Konzeption und ihre technischen Parameter. Die Konstruktionsmerkmale eines Analogmagnetbandspeichers für universelle Anwendung sind:

- wahlweise Netz- und Batteriespeisung
- zwei bis sieben oder vierzehn Aufzeichnungsspuren

- zwei bis vier oder acht Registriergeschwindigkeiten
- Direkt- und FM-Aufzeichnungsverfahren
- transportabel
- Gestellbauweise mit Einschüben.

Im Folgenden werden die anzutreffenden prinzipiellen Lösungswege für die hauptsächlichsten Baugruppen näher betrachtet.

3.2. Transportwerk

Das Transportwerk umfaßt alle für den Bandtransport nötigen Baugruppen. Hierzu gehören Antriebssystem, Wickeleinrichtungen, Bandführungen, Magnetköpfe, Bandspulenaufnahmen, Bedienungs- und Steuerorgane sowie die zugehörigen elektronischen Baugruppen, Regel- und Leistungsverstärker und logische Schaltungen. Das Transportwerk ist in der Regel durch eine Montageplatte zusammengefaßt, die bei der überwiegenden Mehrzahl der Geräte die Frontplatte des Transportwerkeinschubes darstellt. Die aus dem Meßgerätebau übernommene Einschubbauweise mit senkrecht angeordnetem Transportwerk dominiert. Sie bietet fertigungs- und wartungsmäßig Vorteile.

3.2.1. Antrieb

Das wichtigste Kennzeichen des Antriebes von Magnetbandspeichern zur Meßdatenaufzeichnung ist die Möglichkeit mehrerer Geschwindigkeiten. In einfachen Geräten sind zwei, bei den üblichen Speichern sind bis zu acht Bandgeschwindigkeiten vorzufinden.

Der Antrieb setzt sich überwiegend aus dem eigentlichen Antriebsmotor und einem Getriebe zusammen. Die Bandgeschwindigkeitsumschaltung wird durch mechanische Änderung des Übersetzungsverhältnisses bewirkt. Bei Geräten mit vier oder mehr Geschwindigkeiten ist oft der Antriebsmotor polumschaltbar ausgelegt, so daß sich mit einer zweifachen Getriebestufe z. B. vier Geschwindigkeiten ergeben. Diese Lösungen sind anzutreffen, wenn sich die Geschwindigkeitsverhältnisse jeweils wie 1 : 2 verhalten. Bei Speichern mit einem dekadischen Transponierungsfaktor wird eine reine Getriebelösung benutzt. Die dekadische Auslegung der Geschwindigkeitsverhältnisse bietet für die Auswertung gewisse Vorteile.

Hochwertige batteriegespeiste Magnetbandspeicher schlagen einen anderen Weg ein. Eine Getriebelösung erfordert einen großen mechanischen Aufwand und verschlechtert den Wirkungsgrad des Antriebes. Man ist bemüht, aus Gründen der Fertigungsanforderungen mechanischen Aufwand durch elektrische Lösungen zu ersetzen. Sie sind verschleißlos und einfacher in der Fertigung zu beherrschen. Es wird ein Antriebsmotor verwendet, der durch elektronische Anordnungen seine jeweilige Drehzahl erteilt bekommt, die mittels einer Regelschaltung konstant gehalten wird.

In der Praxis sieht die Funktion eines solchen Antriebes prinzipiell wie folgt aus (Abb. 1): Ein frequenzstabiler Generator G erzeugt die Sollwertfrequenz f_s. Über einen Regler R erhält der Antriebsmotor M unter Zwischenschaltung eines Leistungsverstärkers L seine Betriebsspannung. Der Motor M ist mit einer Meßeinrichtung ME ausgestattet, die eine der Motordrehzahl proportionale Frequenz f abgibt. Diese Frequenz f wird mit der Sollfrequenz f_s verglichen. Der Regler R sorgt durch entsprechende Steuerung des Leistungsverstärkers L dafür, daß im stationären Zustand $f = f_s$ ist. Damit ist die Drehzahlkonstanz durch die Genauigkeit der Referenzfrequenz f_s gegeben.

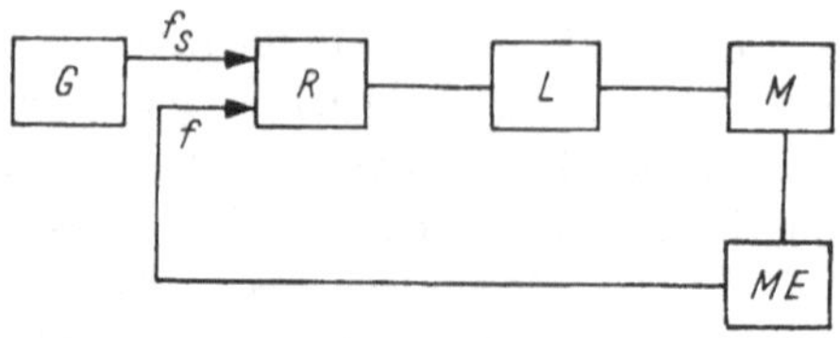

Abb. 1. Antriebsprinzip für Batteriegeräte

Die Umschaltung der Bandgeschwindigkeit wird durch die Änderung der Sollwertfrequenz f_s, z. B. durch nachgeschaltete binäre Frequenzteiler vorgenommen. Der Antriebsmotor, ein Gleichstrommotor mit günstigen Regeleigenschaften, verhält sich dadurch wie ein Synchronmotor, jedoch mit dem Vorteil des besseren Wirkungsgrades und der Speisung mit Gleichspannung.

Wie bei allen Magnetbandspeichern ist die Konstanz des Antriebes von entscheidender Bedeutung. Die genannten Antriebsprinzipien sind zu stark trägheitsbehaftet, um günstige mechanische Filtereigenschaften — tiefabgestimmte Systeme — zu erreichen. Hierdurch ergibt sich eine geringe Servobandbreite für den geregelten Antrieb. Die Funktion des Regelkreises beschränkt sich auf die Ausregelung statischer oder sehr langsamer Bandgeschwindigkeitsschwankungen.

Wird dagegen ein Antrieb verwendet, der trägheitsarm ausgebildet ist und ein großes Moment — Trägheitsverhältnis — besitzt, so läßt sich eine große Servobandbreite bis herauf zu etwa 100 Hz erzielen. Es ist dadurch eine Ausregelung von Störfrequenzen dieser Bandbreite möglich. Wird die Regelgröße bei Wiedergabe von einer während der Aufnahme auf eine Pilotspur aufgebrachten Aufzeichnung konstanter Wellenlänge abgeleitet, dann ist eine Kompensation von Gleichlaufschwankungen möglich. Die Wiedergabegeschwindigkeit entspricht dann nicht nur exakt dem Mittelwert der Aufzeichnungsgeschwindigkeit, sondern auch dem Augenblickswert, sofern die Störfrequenzen innerhalb der Servobandbreite liegen. Als weitere Vorteile besitzen solche Antriebe im Gegensatz zu den üblichen Prinzipien niedrige Start- und Stopzeiten bei geringer Antriebsleistung und kleinem Gewicht. Dies muß jedoch mit erheblichem elektronischen Aufwand erkauft werden und kommt daher nur für ausgesprochen spezielle Speicher in Betracht.

Für den Transport des Magnetbandes wird der übliche Friktionsantrieb mittels Antriebswelle und Gummiandruckrolle verwendet. Für höhere Ansprüche an die Gleichlaufgenauigkeit wird das Prinzip der geschlossenen Schleife — closed loop — nach Abb. 2 benutzt (vgl. Bd. 2 dieser Reihe). Das Magnetband wird vor und hinter den Magnetköpfen durch zwei mit gleichen Andruckkräften wirkenden Andruckrollen von der gleichen Antriebswelle durch Friktion gefördert. Durch diese Anordnung kommen Bandzugschwankungen, die vom Auf- oder Abwickelvorgang stammen, weniger zur störenden Auswirkung. Dieses Antriebsverfahren sichert eine hohe Gleichlaufkonstanz, wie sie für die Meßdatenspeicherung mit höchsten Anforderungen verlangt wird.

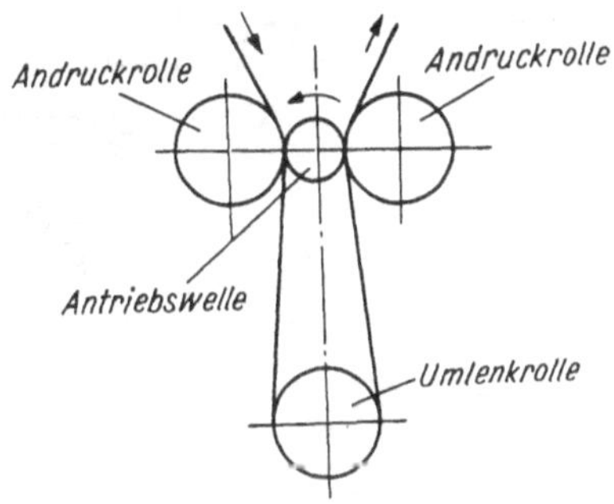

Abb. 2. Prinzip der geschlossenen Schleife

3.2.2. Wickeleinrichtungen

Auf- und Abwickeleinrichtungen sind ähnlich den Studiomagnetbandgeräten ausgebildet. Jeweils ein Auf- und Abwickelmotor besorgen den Antrieb der Bandspulen. Sie übernehmen in bekannter Weise auch den schnellen Vor- bzw. Rücklauf.

Im Gegensatz zu Transportwerken mit einer oder zwei Bandgeschwindigkeiten sind die Anforderungen an die Wickeleinrichtungen bei Vielgeschwindigkeitslaufwerken hoch. Bei acht Bandgeschwindigkeiten beträgt das Drehzahlverhältnis der Wickelmotoren 1:600. Es treten bei den langsamsten Bandgeschwindigkeiten extrem niedrige Drehzahlen in Größenordnung von 1…10 U pro min auf. Die Wickelmotoren dürfen deshalb nur geringe Drehmomentenschwankungen pro Umdrehung aufweisen. Durch konstruktive und elektrische Auslegung muß diese Forderung erfüllt werden. Es werden daher Motoren mit großer Polzahl eingesetzt. Im anderen Falle ist eine entsprechende Untersetzung in den Wickelantrieb eingefügt. Durch die Anordnung der geschlossenen Schleife tritt als Bandzug innerhalb der Schleife etwa das arithmetische Mittel der äußeren Bandzüge auf.

Magnetbandspeicher für die Meßdatenaufzeichnung werden überwiegend für senkrechte Betriebslage vorgesehen. Es scheiden deshalb für den Ausgleich des wickelradienabhängigen Bandzuges Lösungen in Form von gewichtsabhängigen Rutschkupplungen von vornherein aus. Die Bandzüge werden durch elektronische Regelschaltungen stabilisiert. Das Prinzip zeigt Abb. 3. Der Bandzug wird beim Auf- bzw. Abwickeln durch einen Fühlhebel F abgetastet. Der Fühlhebel F steuert einen Meßwertgeber M. Die Ausgangsgröße b des Gebers M wird dem Regler R zugeführt. Gleichzeitig wird eine Sollwertgröße b_s eingespeist. Der Regler R steuert über den Leistungsverstärker L den Auf- bzw. Abwickelmotor M, so daß sich im eingeschwungenen Zustand der Sollwertbandzug einstellt (vgl. Bd. 2 dieser Reihe).

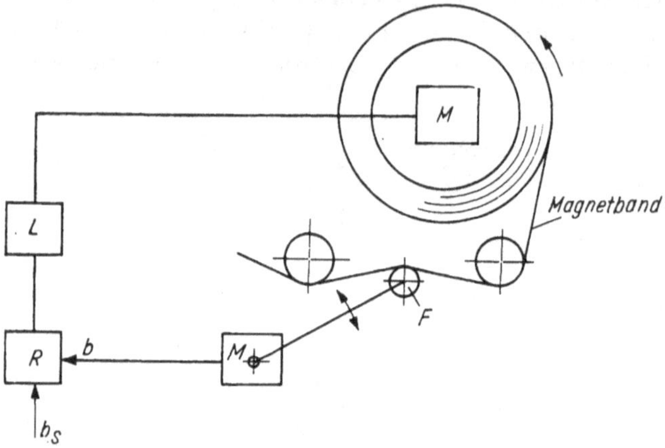

Abb. 3. Bandzugsstabilisierung

3.2.3. Steuerung

Die Steuerung der Betriebsfunktionen wird mittels eines Drucktastenschalters vorgenommen. Die einzelnen Funktionen sind durch logische Schaltungen gegen Fehlbedienung gesichert. Die Drucktastenschalter schalten durch Kontaktgabe die gewählten Funktionen ein. Nur bei Kleinstgeräten werden dem Bedienungsschalter gleichzeitig mechanische Funktionen übertragen. Die Lösungswege unterscheiden sich im übrigen nicht von denen anderer Magnetbandspeicher.

3.2.4. Bandführungen und Magnetköpfe

Neben Antriebssystem und Wickeleinrichtungen gehört die Magnetkopfträgereinheit zu den wichtigsten Baugruppen. Sie vereinigt Magnetköpfe und die zugehörigen Bandführungen. Bei Transportwerken, die nach dem Prinzip der geschlossenen Schleife arbeiten, zählt hierzu auch die Umlenkrolle der Bandschleife. Von der Präzision der Magnetkopfträgereinheit hängt die Qualität eines Magnetbandspeichers wesentlich ab.

Die Bandführung übernehmen Führungsrollen, die in bezug auf Exzentrizität und Lagerung hohe Präzision aufweisen. Sie sind für die Einhaltung der durch den Antrieb gegebenen Gleichlaufwerte verantwortlich. Aufmerksamkeit wird besonders der Lagerung der Führungsrollen gewidmet. Bei Geräten, die im

Außenklima bei tiefen Temperaturen eingesetzt werden, benutzt man an Stelle von Gleitlagern besser Präzisionskugellagerungen. Dadurch werden stabile Reibungsverhältnisse erreicht (vgl. Bd. 2 dieser Reihe).

Für die Aufnahme und die Wiedergabe kommen Vielspurmagnetköpfe zum Einsatz, die je nach Spuranzahl und Bandbreite des Speichers ausgelegt sind. Vorhandene Standards werden hierbei berücksichtigt. Die Magnetköpfe sind wegen der Einhaltung günstiger Werte für die Übersprechdämpfung in zwei Pakete aufgeteilt. Bei z. B. sieben Aufzeichnungsspuren enthält das erste Paket die Systeme für die Spuren 1, 3, 5, 7 — das zweite Paket die Systeme für die Spuren 2, 4, 6. Dies gilt sowohl für den Aufnahmemagnetkopf als auch für den Wiedergabemagnetkopf (Abb. 4). Durch geeignete Fertigungstechnologien wird dafür gesorgt, daß jeweils beide Paketstapel eines Magnetkopfes parallel zueinander stehen (vgl. Bd. 1 dieser Reihe).

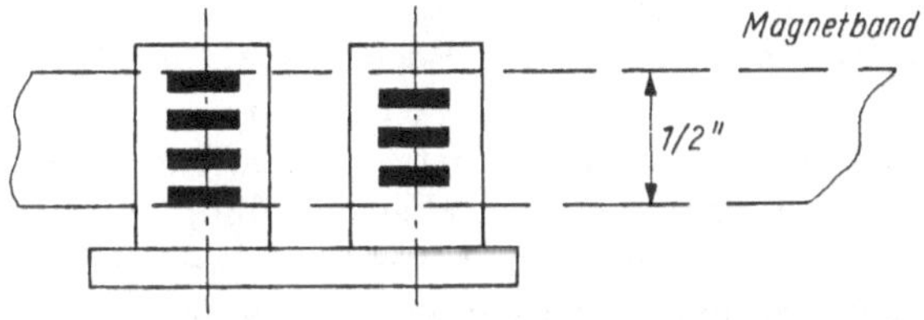

Abb. 4. 7-Spuranordnung mit zwei Magnetkopfstapeln

3.2.5. Sonstige Einrichtungen

Eine Reihe von bewährten Einrichtungen üblicher Magnetbandspeicher findet sich auch bei Meßdatenspeichern wieder. So ist bei allen komfortablen Geräten eine meist photooptisch arbeitende Bandendabschaltung vorhanden. Nach Durchlauf des Magnetbandes wird die jeweilige Funktion stillgesetzt. Weiterhin ist eine Sicherheitsschaltung gegen unbeabsichtigtes Löschen einer Aufzeichnung vorzufinden. Ein dekadisches Zählwerk dient zum leichteren Auffinden von Bandstellen. Da Meßdatenspeicher häufig unter rauhen Betriebsverhältnissen eingesetzt werden, wird das Transportwerk mit einer glasklaren Plasthaube abgedeckt, um den Einfluß von Staub zu verhindern. Ferner sind einige wichtige Betriebsfunktionen z. B. Aufnahme—Halt fernbedienbar ausgeführt, um die Bedienung des Speichers am Meßobjekt vornehmen zu können.

Für bestimmte Anwendungsfälle sind einige Speichertypen für die Benutzung einer endlos umlaufenden Bandschleife eingerichtet. Diese endlose Bandschleife mit relativ kurzer Speicherzeit ist in Form einer Bandkassette untergebracht.

3.3. Informationselektronik

Die Informationselektronik für die Meßwertaufzeichnung ist je nach Einsatzzweck für zwei unterschiedliche Verfahren ausgelegt. Das Direktverfahren entspricht dem herkömmlichen Aufzeichnungsprinzip der Magnetbandspeichertechnik. Das Signal wird als analoge remanente Bandflußgröße auf dem Magnetband aufgezeichnet. Die untere Grenzfrequenz wird durch den einzuhaltenden Fremdspannungsabstand und die Magnetkopfgeometrie bestimmt. Sie beträgt im allgemeinen 50···200 Hz je nach Bandgeschwindigkeit.

Das FM-Verfahren zeichnet eine durch das Signal frequenzmodulierte Trägerfrequenz auf. Hierdurch lassen sich Gleichspannungswerte speichern. Die untere Grenzfrequenz wird Null. Für die oberen Grenzfrequenzen sind Bandtyp, Bandgeschwindigkeit, Spaltfunktion, Verluste usw. in bekannter Weise bestimmend. Für das FM-Verfahren sind bestehende Standards zu berücksichtigen.

Durch die für Meßdatenspeicher angewandte Gestellbauweise ist es üblich, den Speicher wahlweise mit der Elektronik für das Direkt- oder das FM-Verfahren zu bestücken.

3.3.1. Direktverfahren

Für jede Aufzeichnungsspur ist ein Informationskanal vorhanden. Er besteht aus einem Aufnahme- und einem Wiedergabeverstärker. Der Aufnahmeverstärker speist nach entsprechender Verstärkung und Amplitudenkorrektur des Eingangssignals den Aufnahmemagnetkopf. Die Verstärkung ist in Dezibelstufen regelbar. Die Eingangsimpedanz ist den durch Standards festgelegten Bedingungen angepaßt. Der Wiedergabeverstärker verarbeitet das Signal vom Wiedergabemagnetkopf und stellt es an seinem Ausgang für den Anschluß der Auswertegeräte in vorgeschriebener Größe zur Verfügung. Entsprechend der jeweils benutzten Bandgeschwindigkeit wird durch einen Drehschalter die zugeordnete Verstärkercharakteristik eingeschaltet.

3.3.2. Frequenzmodulationsverfahren

Hier ist ebenfalls für jede Aufzeichnungsspur ein Informationskanal vorhanden. Er umfaßt alle notwendigen Bausteine wie Gleichspannungsverstärker, Modulator, Begrenzer und Demodulator.

Für die Genauigkeit des FM-Verfahrens ist eine Reihe von Kennwerten von ausschlaggebender Bedeutung. Die angewendeten Modulations- und Demodulationsverfahren und Schaltungsdimensionierungen müssen diese Kennwerte nach Möglichkeit mit engen Toleranzen realisieren. Hierunter fallen Trägerfrequenzdrift, Nullpunkteinstellung und Linearität von Modulator und Demodulator.

Für die Demodulation hat sich nahezu einheitlich das Impulsbreitenverfahren durchgesetzt. Die prinzipielle Funktion sei deshalb näher betrachtet: Die Wiedergabespannung wird auf einen verarbeitungsfähigen Pegel verstärkt und in einer Begrenzerstufe begrenzt. In einer Impulsformerstufe wird die erhaltene Rechteckspannung differenziert. Die gewonnenen Impulse entsprechen den Nulldurchgängen der Wiedergabespannung. Sie werden zur Ansteuerung eines monostabilen Multivibrators benutzt. Dieser erzeugt bei jedem Auslöseimpuls eine Rechteckspannung konstanter Dauer t_1. Die Dimensionierung des monostabilen Multivibrators ist so vorgenommen, daß für die unmodulierte Trägerfrequenz $f_1 = f_0$ das Tastverhältnis $t_1 : t_2 = 1:1$ beträgt. Die Ausgangsspannung ist mithin bei $f_1 = f_0$ eine symmetrische Rechteckschwingung mit der Frequenz $f_2 = 2 \cdot f_0$. Bei modulierter Trägerfrequenz $f_1 < f_0$ bzw. $f_1 > f_0$ ändert sich das Tastverhältnis $t_1 : t_2$ entsprechend. Abb. 5 verdeutlicht die Vorgänge. Wird das Ausgangssignal f_2 in einer Gegentaktschaltung ausgewertet, so entspricht die Differenzspannung der Modulationsfrequenz. Sie hat bei unmodulierter Trägerfrequenz $f_1 = f_0$ den Wert Null, da $t_1 = t_2$ ist. Eine nachgeschaltete Tiefpaßanordnung unterdrückt die Frequenzen f_1 und f_2.

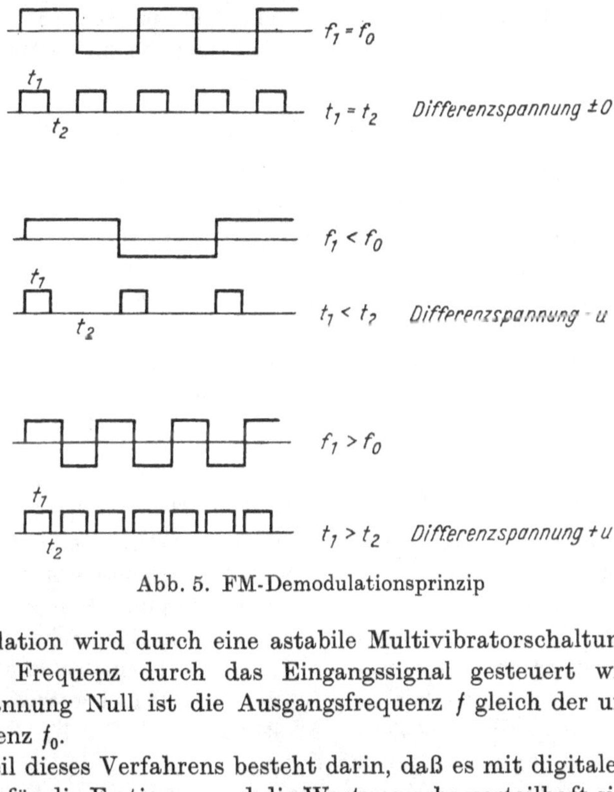

Abb. 5. FM-Demodulationsprinzip

Die Modulation wird durch eine astabile Multivibratorschaltung vorgenommen, deren Frequenz durch das Eingangssignal gesteuert wird. Bei der Eingangsspannung Null ist die Ausgangsfrequenz f gleich der unmodulierten Trägerfrequenz f_0.

Der Vorteil dieses Verfahrens besteht darin, daß es mit digitalen Bausteinen arbeitet, die für die Fertigung und die Wartung sehr vorteilhaft sind.

Bei Bandgeschwindigkeitswechsel werden durch Drehschalter die Zeitkonstanten von Modulator und Demodulator entsprechend der jeweiligen Trägerfrequenz umgeschaltet sowie ein Austausch der Filter vorgenommen.

3.3.3. Pulsmodulationsverfahren

In der letzten Zeit haben auch verschiedene Pulsmodulationsverfahren, wie Pulsamplituden-, Pulslängen- und Pulsverhältnismodulation an Bedeutung gewonnen. Sie besitzen vor allem bezüglich der Wiedergabe große Vorteile im

Vergleich zur Frequenzmodulation. Es genügt nämlich eine Verstärkung und Regeneration der Impulse. Als Demodulator ist lediglich ein Tiefpaß notwendig. Außerdem wirken sich bei diesen Verfahren die Gleichlauffehler wesentlich geringer aus. Da zugleich eine höhere Linearität erreichbar ist, lassen sich insgesamt größere Genauigkeiten bis etwa $1^0/_{00}$ erreichen. Natürlich gehen diese Vorteile auf Kosten der oberen Grenzfrequenz.

Die Pulsmodulationen werden zuweilen auch in Anlehnung an die Fernmeßtechnik für Zeitmultiplexe ausgenutzt.

3.3.4. Digitale Speicherung

In Anlehnung an die Methoden der Rechentechnik (Band IV dieser Reihe) werden für hohe Genauigkeit zuweilen auch Prinzipien der digitalen Aufzeichnung verwendet.

3.3.5. Löschung und Vormagnetisierung

Löschung und Vormagnetisierung des Magnetbandes unterscheiden sich nicht von bekannten herkömmlichen Magnetbandspeichern für die Schallaufzeichnung. Die schaltungstechnische Auslegung berücksichtigt die besonderen Bedingungen der mehrkanaligen Aufzeichnung. Hierzu werden von einem Steueroszillator der die Löschleistung abgebende Leistungsverstärker und die für die einzelnen Kanäle vorhandenen Vormagnetisierungsverstärker gespeist. Unterschiedlich ist lediglich die Höhe der Vormagnetisierungsfrequenz. Für den bei hohen Bandgeschwindigkeiten oberen Grenzfrequenzbereich von 50···100 kHz im Direktverfahren muß die Oszillatorfrequenz in der Größenordnung von 400 kHz liegen.

3.3.6. Abgleich- und Kontrolleinrichtungen

Durch die Besonderheiten der Meßwertaufzeichnung bedingt, sind wegen des benutzten FM-Verfahrens für jeden Kanal bestimmte Abgleich- und Kontrollvorgänge vor Beginn einer Aufzeichnung vorzunehmen wie z. B. Nullpunktabgleich. Hierfür ist eine besondere mit den nötigen Schalteinrichtungen ausgestattete Baugruppe vorgesehen. Sie enthält ein Kontrollinstrument. Damit sind die vom Hersteller vorgeschriebenen Abgleichvorgänge ohne zusätzliche Meßmittel durchzuführen. Weiterhin sind Pegel-, Aussteuerungs- und Stromversorgungsmessungen möglich.

Für die Aufzeichnung von Zeitmarken wird häufig der z. B. vom Antrieb vorhandene Frequenzgenerator mit herangezogen. Natürlich können auch externe Zeitmarken eingegeben werden. Ein Kanal ist wahlweise mit Hilfe eines anzuschließenden Mikrophons als Kommentarkanal zu benutzen, um erläuternde Texte zu den Meßdatenaufnahmen aufzusprechen.

3.4. Gesamtgerät

Die einzelnen Baugruppen sind in den schon angedeuteten Komplexen — Transportwerk, Informationselektronik, Stromversorgung, Kontrolleinrichtungen (Abb. 6) – zu Einschüben konstruktiv zusammengefaßt und in einem Gestell zusammengefügt. Die Bedienungselemente und Anschlüsse sind sinnvoll angeordnet und beschriftet. Ausführliche Bedienungs- und Wartungsunterlagen erleichtern die Benutzung.

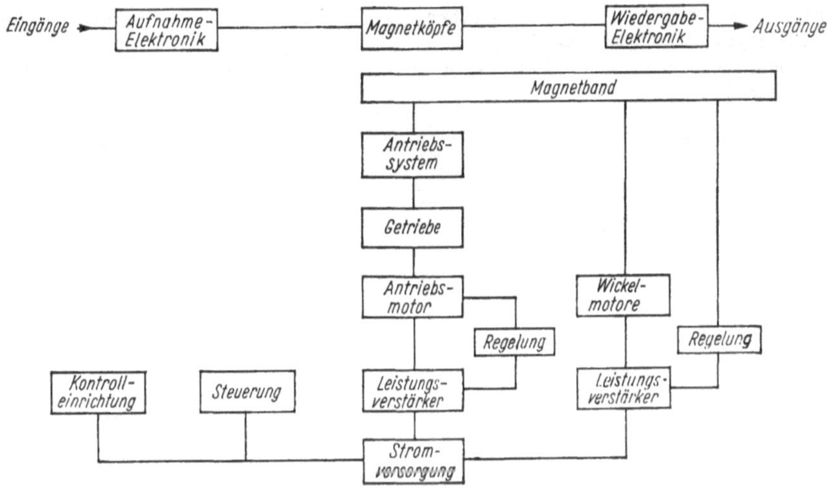

Abb. 6. Baugruppenübersicht

Für spezielle Einsatzgebiete sind Meßdatenspeicher mit entsprechendem Zubehör lieferbar. So werden von einigen Herstellern schwingungsdämpfende Aufhängungen für den Einsatz in Fahrzeugen angeboten. Weiterhin sind chemiekaliendichte Zusatzgehäuse für Anwendungen in Chemiebetrieben erhältlich. Die klimatischen Bedingungen sind im allgemeinen für einen breiten Bereich bemessen, +5 bis +35 °C bei 20 bis 80% Feuchte sind üblich.

Eine besondere Gerätegruppe stellen Kleinstspeicher dar. Sie ersparen eine besondere telemetrische Übertragung von Meßdaten. Sie sind allerdings kaum auf dem Markt im Angebot. Der Einsatz liegt vorwiegend in der Landesverteidigung, Luftfahrt usw. Bedarf an solchen Kleinstgeräten wird in jüngster Zeit von der Sportmedizin und der Arbeitspsychologie angemeldet.

Die Anwendung der Meßdatenspeicher ist in progressiver Ausdehnung begriffen. Es ist daher natürlich, daß neben den universellen Speichern für Wissenschaft und Forschung weitere Geräte entstehen, die für konkrete Anwendungsfälle ausgelegt sind.

3.5. Literatur

[1] Firmendruckschrift Ampex AR-200. Ampex Corp. Redwood City, California, USA.
[2] Firmendruckschrift Ampex FR 100 B. Ampex Corp. Redwood City, California, USA.
[3] Firmendruckschrift Instruction Manual SP 300. Ampex Corp. Redwood City, California, USA.

[4] Firmendruckschrift Instruction Manual PI 200. Precision Instruments, San Carlos, California, USA.
[5] Firmendruckschrift Instruction Manual MR 1200. Epsylon Industries, Feltham, England.
[6] Firmendruckschrift Instruction Manual PI 6100. Precision Instruments, San Carlos, California, USA.
[7] Firmendruckschrift Technical Handbook T 4000 and T 4300. Termionic Produkts LTD, Hythe, Southampton, England.
[8] Firmendruckschrift Analog Data Recorder R-400. TEAC Corporation, Tokyo, Japan.

4. Heimmagnetbandgeräte

Von Heinz Lehmann

4.1. Allgemeines

Unter Heimmagnetbandgeräten wird eine für Sprach- und Musikaufzeichnung ausgelegte Geräteklasse von Magnetbandspeichern zusammengefaßt, deren vorwiegende Anwendung im Heim diesen Begriff prägte. In der Praxis werden Heimmagnetbandgeräte überall dort benutzt, wo sich die Anschaffung einer Studioanlage aus ökonomischen oder räumlichen Gründen verbietet. Gerade die Preiswürdigkeit, das geringe Volumen, die sofortige Wiedergabemöglichkeit ohne Zusatzgeräte, die Zuverlässigkeit, die einfache Bedienung und die Netzunabhängigkeit bei Batteriegeräten verschaffen dem Heimmagnetbandgerät mannigfaltige Anwendungsgebiete. Neben der Benutzung im Heim sind Unterricht, Medizin, Schiffahrt, Wissenschaft, Meteorologie, öffentliche Dienste usw. zu nennen. Dieser umfassende Anwendungsbereich spiegelt sich in der großen Gerätetypenzahl wider. Heimmagnetbandgeräte werden vom komfortablen hochwertigen Heimstudiogerät über einfach zu bedienende Gebrauchsgeräte bis zum Batteriegerät für PKW-Einsatz in allen führenden Industrieländern hergestellt. Zuweilen werden hierzu auch die Diktiergeräte und Kleinstgeräte, wie Elektrische Notizbücher hinzugezählt. In Westdeutschland überschritt 1966 die jährliche Produktion die 1-Millionen-Grenze (vgl. S. 96).

Gegenüber dem klassischen dreimotorigen Studiolaufwerk der Rundfunkanstalten mit 76,2 cm/s Bandgeschwindigkeit ist der Preis um den Faktor 0,01 bis 0,1 verringert, ohne jedoch die technischen und elektroakustischen Parameter wesentlich einzuengen. Hierzu war eine Reihe neuer technischer Lösungswege zu schaffen. Im Gegensatz zum Studiogerät muß ein Heimmagnetbandgerät außerdem sogar einige Baugruppen mehr aufweisen. Hierunter sind NF-Teil mit Endstufe, Wiedergabelautsprecher und Mikrophonvorverstärker zu nennen. Trotz dieser Schwierigkeiten dauerte es nur wenige Jahre, bis zuerst von Amateuren, dann von der Industrie diese neue Geräteklasse geschaffen wurde.

Heute sind Heimmagnetbandgeräte zu einem fest umrissenen Erzeugnis geworden und haben sich einen stabilen Marktanteil gesichert. Der Heimmagnetbandspeicher ist zu hoher Perfektion entwickelt worden. Die angewendeten Lösungswege haben in vielen Fällen die Entwicklung von Speichern für technische Zwecke beeinflußt. Im Folgenden sollen die für Heimmagnetbandgeräte typischen Lösungswege betrachtet werden. Abb. 1 zeigt die Baugruppen eines

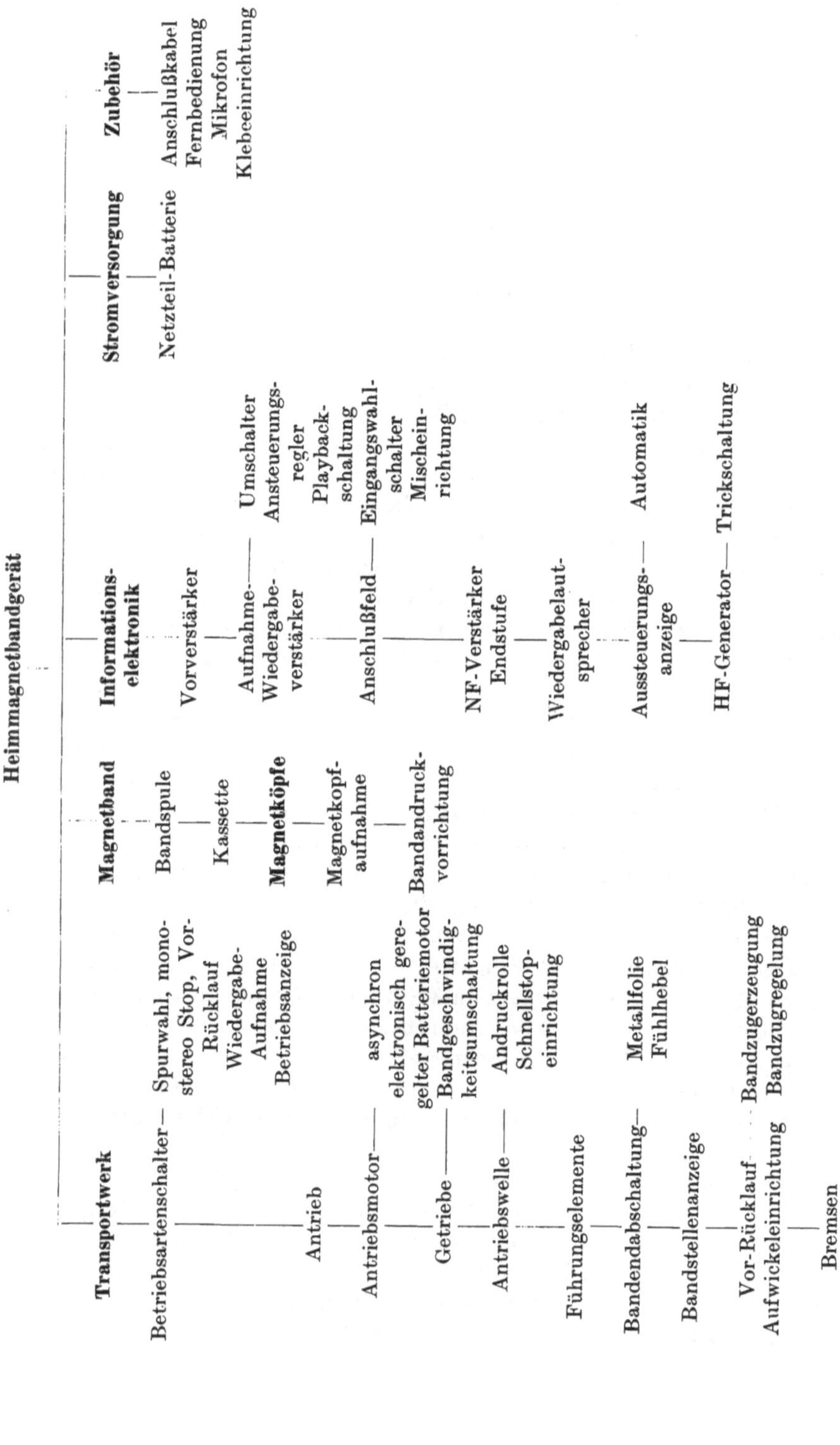

Abb. 1. Baugruppenübersicht

Heimmagnetbandgerätes, wobei je nach Preisklasse und Bedienungskomfort gewisse Abweichungen auftreten. Zusammenfassend können folgende Eigenschaften als Kennzeichen der Heimmagnetbandgeräte genannt werden:

- ökonomische, preisgünstige, wartungsarme Konstruktion
- auf Massenfertigung ausgerichtete Technologie
- hochwertiges formgestaltetes Konsumgut
- Bedienung ohne technische Vorkenntnisse
- transportabel, leicht, handlich
- unmittelbare Aufzeichnung und Wiedergabe von Schallereignissen

Die Eigenschaften der Diktier- und Kleinstgeräte werden später genannt.

4.2. Transportwerk

Beim Heimmagnetbandgerät sind stets alle zum Transportwerk gehörigen Baugruppen konstruktiv zu einer Einheit in Form eines Blech- oder Druckgußchassis zusammengefaßt. Während zeitweise von einigen Herstellern das Blechchassis benutzt wurde, hat sich das Druckgußchassis wegen der größeren Stabilität und der besseren Ausbildbarkeit zur Aufnahme der Baugruppen durchgesetzt. Fortfall der Oberflächenbehandlung und weniger Bearbeitungsfolgen sind weitere technologische Vorteile.

4.2.1. Betriebsartenschalter

Mit Hilfe des Betriebsartenschalters wird die gewünschte Funktion des Transportwerkes eingeschaltet. Zwei Lösungswege haben sich hierfür parallel behauptet. Es wird der vom Studiolaufwerk übernommene Drucktastenschalter oder der Drehschalter angewendet. Beide sind so gestaltet, daß die Sperrung unerlaubter Betriebszustände zwangsläufig durch Schieber oder Fallen bzw. durch die Nockenanordnung beim Drehschalter herbeigeführt wird. Hierdurch wird eine elektronische Logikschaltung eingespart.

Während beim Studiogerät der Drucktastenschalter eine elektrische Kontaktgabe auslöst, wird beim Heimmagnetbandgerät aus ökonomischen Gründen gleichzeitig oder allein die mechanische Betätigung z. B. von Andruckrolle und Reibrädern für die Getriebezustandsänderung vorgenommen. Für den Fall einer vorgesehenen Fernbedienbarkeit wird jedoch ein Zugmagnet für die Andruckrollenbetätigung bevorzugt.

Wichtiges Ziel der konstruktiven Bearbeitung dieser Baugruppen ist eine hinreichend niedrige Betätigungskraft, die 1···2 kp nicht überschreiten sollte. Auf die Verhütung von lästigen Schaltgeräuschen wird besonderer Wert gelegt. Konstruktiv wird deshalb der Weg-Kraft-Verlauf durch geeignete Kurvenform oder Hebelübersetzung optimal bestimmt. Von der Fertigung werden hohe Genauigkeiten und Oberflächengüte für die funktionswichtigen Schalterteile verlangt. Hierfür sind gratfreies Feinstanzen, Einsatzhärten, Genauigkeitsdruckguß oder Kunststoffspritzen kennzeichnend. Von einem Betriebsartenschalter für Heimmagnetbandgeräte werden mindestens $2 \cdot 10^4$ Schaltungen ohne Ausfälle erwartet. Für die Kennzeichnung haben sich international textlose Symbole durchgesetzt.

4.2.2. Antrieb

Der mit 3 Motoren arbeitende Antrieb eines Studiolaufwerkes ist für Heimmagnetbandgeräte nicht zu realisieren. Hier ist deshalb im Laufe der Zeit eine Vielzahl von Einmotorenantrieben entstanden. Anfangs herrschte der direkte Antrieb vor, d. h. die Motorwelle übernahm direkt den Bandantrieb. Vorlauf bzw. Rücklauf und Aufwickelantrieb erfolgten über drehrichtungsabhängige Kupplungen mittels ständig in Eingriff befindlicher elastischer Riemen. Diese Lösungen erforderten durch die auftretenden Lagerbelastungen und Reibungsverluste verhältnismäßig große mechanische Antriebsleistungen von 5···10 W. Zur Sicherung konstanter Bandgeschwindigkeiten kamen Synchronmotoren zum Einsatz. Der Antriebsmotor war durch den geringen Wirkungsgrad der Synchronmotoren entsprechend groß in seinen Abmessungen und wies ein starkes Streufeld auf. Er war weiterhin wegen der notwendigen Genauigkeit von Welle und Lagerung sowie wegen des Schwungmomentes zur Unterdrückung der Polfrequenzen aufwendig und teuer.

Diese Mängel wurden durch die Einführung des indirekten Antriebes überwunden. Heute hat sich dieses Antriebsprinzip einheitlich durchgesetzt [1] bis [4]. Einen Vergleich von direktem und indirektem Antrieb behandeln [5] — [7].

Ein kleiner, billiger Asynchronmotor mit hoher Drehzahl, $n = 1500 \cdots 3000$ U pro min, treibt über einen geschliffenen Gummiflachriemen oder einen gespritzten Gummirundriemen oder über ein Reibrad die mit einer Schwungmasse versehene Antriebswelle für den Magnetbandvorschub an. Von der Antriebswelle überträgt ein weiterer elastischer Riemen das Aufwickelmoment über eine Rutschkupplung zum Aufwickelantrieb.

Für den Vor- bzw. Rücklauf werden die Spulenaufnahmen direkt bzw. zur Richtungsumkehr über ein Zwischenrad mit dem Antriebsmotor nur für die Funktionsdauer in Eingriff gebracht. Abb. 2 stellt diesen heute vorherrschenden Antrieb für Heimmagnetbandgeräte dar. Diese bewährte Anordnung zeichnet sich durch geringe Leistungsverluste, niedrige Bauhöhe und gutes Gleichlaufverhalten aus. Die von Seriengeräten eingehaltenen Frequenzmodulationswerte liegen bewertet gemessen bei 9 cm/s $\leqq$ 0,25%, bei 4,7 cm/s $\leqq$ 0,35% und bei 2,4 cm/s $\leqq$ 0,4%. Diese Werte werden durch die Filterwirkung des Antriebes — Schwungmasse, elastischer Riemen — erreicht. Der Antriebsmotor gibt eine mechanische Leistung von 0,5 bis 1 W ab. Er ist oft als Außenläufer ausgebildet und beansprucht eine Bauhöhe von $<$ 60 mm.

Für tragbare, batteriegespeiste Magnetbandspeicher ist der Antrieb durch Einfügen einer zweiten Schwungmasse in den Riemenlauf vervollkommnet worden. Durch den Antriebsriemen sind beide Schwungmassen so fest gekoppelt, daß sie als eine einzige Schwungmasse aufgefaßt werden können. Wirken äußere

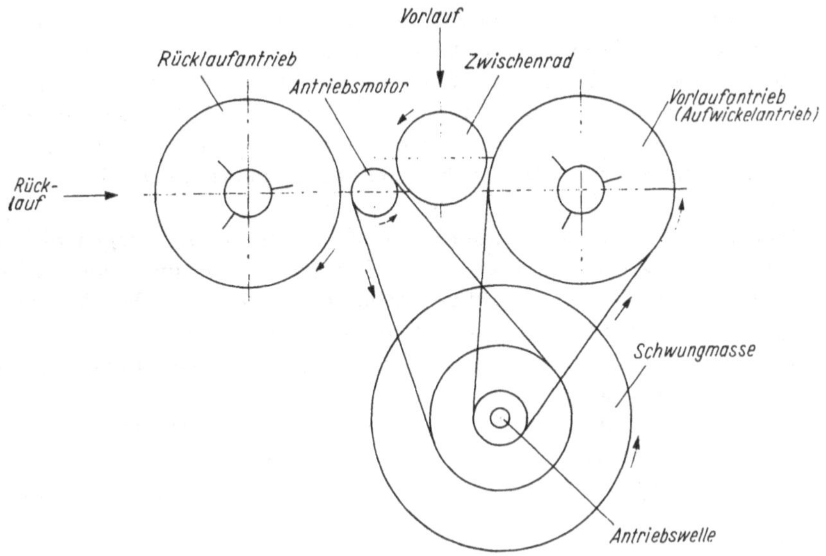

Abb. 2. Übliche Antriebsanordnung für Heimmagnetbandgeräte

Bewegungsmomente, wie sie beim Tragen des Gerätes oder bei Benutzung im Kraftfahrzeug auftreten, auf den Antrieb ein, so entstehen in beiden gleichartig dimensionierten und gegensinnig umlaufenden Schwungmassen dieselben Winkelbeschleunigungen. Im Kupplungspunkt der beiden Schwungmassen sind die Kräfte entgegengerichtet und können sich daher nicht als Geschwindigkeitsänderung auswirken. Ein solcher Antrieb ist daher gegen äußere Einflüsse unempfindlich [8].

Bei einfacheren Batteriegeräten liegt häufig ein aus der Nadeltontechnik übernommenes Antriebsprinzip vor. Hier treibt die Motorwelle direkt durch Friktion den Schwungmassenaußendurchmesser an. Zur Erzielung niedriger Bauhöhen ist dieser Antrieb als Winkeltrieb ausgeführt. Die Motorwelle steht rechtwinklig zur Schwungmassenachse und wird an den Reibdurchmesser derselben federnd angedrückt [9].

Geräte mit nicht auswechselbarem Informationsträger benutzen ein Antriebsprinzip, das auf konstanten Lauf des Magnetbandes verzichtet. Es wird die Aufwickelspule vom Antriebsmotor angetrieben. Die Bandgeschwindigkeit ändert sich dadurch mit Zunahme des Bandwickels. Sie schwankt in gleichem Maße, wie sich Kleinst- und Größtdurchmesser des Bandwickels zueinander verhalten. Bei kleinem Verhältnis der beiden Durchmesser tritt die kontinuierliche Änderung der Aufzeichnungsgeschwindigkeit während der Aufnahmedauer elektroakustisch nicht auffällig in Erscheinung [10].

Alle Lösungen waren nur mit parallelen Veränderungen am Laufwerk zu erzielen. Hierunter fallen die Verringerung des Bandzuges durch verbesserte Magnetbänder mit hoher Schmiegsamkeit und geringer Dicke bei gleichzeitiger

Verkleinerung des Bandspulendurchmessers auf 150 oder 130 mm, die Klärung der Lagerprobleme durch Verwendung von Lagernadeln mit hochvergüteter Oberfläche und selbstschmierenden Sinterbronzelagern. Die notwendigen Drehmomente wurden dadurch auf Minimalwerte reduziert. Mit diesem erreichten Stand wurde es möglich, Heimmagnetbandgeräte für Batteriespeisung zu fertigen, die in ihren Eigenschaften sich nicht von netzbetriebenen Typen unterscheiden.

Technologisch wurden beständige, abriebfeste Gummimischungen für Reibräder und Antriebsriemen ermittelt. Die hohen Anforderungen an die Fertigung konnten auf wenige qualitätsbestimmende Teile beschränkt werden. Hierunter fallen die Antriebswelle mit ausgewuchteter Schwungmasse, Reibräder und Kupplungsober- bzw. -unterteile. Hierfür werden Rundlaufgenauigkeiten von $< 3\,\mu m$ bzw. $< 20 \cdots 50\,\mu m$ verlangt [11], [12].

Besonderes Augenmerk verdient die Lagerung der Antriebswelle. Um die Wartungsfreiheit des Transportwerkes für 1000 bis 2000 Betriebsstunden zu gewährleisten, wird überwiegend eine Prismenlagerung für das obere, ein

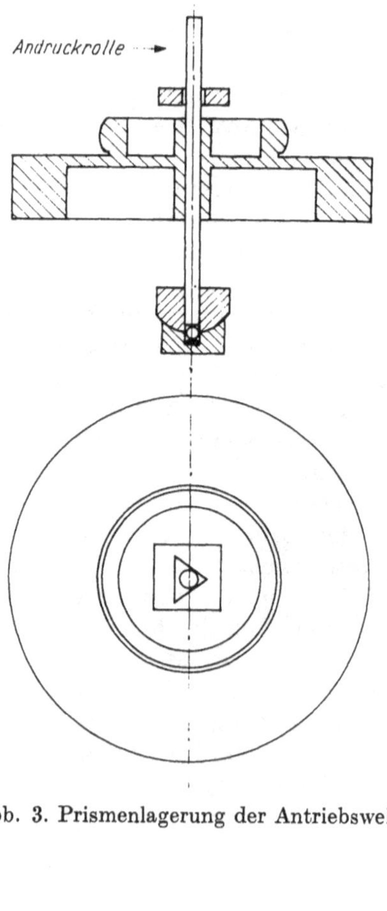

Abb. 3. Prismenlagerung der Antriebswelle

Kalottenlager für das untere Lager der Antriebswelle verwendet. Abb. 3 zeigt ein Ausführungsbeispiel. Hierdurch können sich Verschleiß und Fertigungstoleranzen im Gegensatz zum Ringlager nicht in Form von Radialschlag auswirken.

Die Bandgeschwindigkeitsumschaltung bei Geräten mit mehreren Geschwindigkeiten wird durch mechanisch gesteuertes Umlegen des Antriebsriemens — Transmissionsprinzip — oder durch Umschalten des Reibrades auf einer Stufenscheibe bewerkstelligt. Diese Lösungen haben sich rationeller erwiesen als die polumschaltbare Auslegung des Antriebsmotors.

4.2.3. Wickelantrieb, Vor- und Rücklauf

Antriebswelle und Gummiandruckrolle erteilen durch Friktion dem Magnetband die konstante Vorschubgeschwindigkeit. Damit dieser Vorgang ungestört verläuft, müssen Aufwickelband- und Abwickelbandzug stabil und etwa gleich groß sein (vgl. Bd. 2 dieser Reihe).

Während bei den Studiogeräten und Magnetbandspeichern hierzu Vor- bzw. Rücklaufmotoren mit einer elektronischen Regelschaltung angewendet werden, ist diese Lösung bei den Heimmagnetbandgeräten ökonomisch nicht möglich. Deshalb werden die Bandspulenaufnahmen meist als gewichtsabhängige Rutschkupplungen ausgebildet. Durch Wahl der Kupplungsoberteilgewichte, der Reibwerte und der Reibdurchmesser können bei vorgegebenen Bandspulen — Wickeldurchmesserverhältnis, leere — volle Spule — befriedigende Bandzugverläufe realisiert werden, so daß die schlupfbedingten langzeitigen Geschwindigkeitsabweichungen in engen Grenzen bleiben [5], [7].

Weit nachteiliger wirken sich kurzzeitige, meist periodisch auftretende Bandzugänderungen aus, die zur Frequenzmodulation führen. Ursachen hierfür sind Fertigungstoleranzen von Kupplungsober- bzw. -unterteil, schwankende Reibungsverhältnisse und Verschleiß. Um diese Einflüsse weitgehend zu mindern, werden Reibbeläge aus synthetischen Werkstoffen hoher Beständigkeit verwendet. Das abwickelseitige Kupplungsunterteil wird taumelbar ausgeführt, um ein gleichförmiges Reibmoment zu erzeugen. Abb. 4 zeigt die konstruktive Ausführung einer solchen Kupplung.

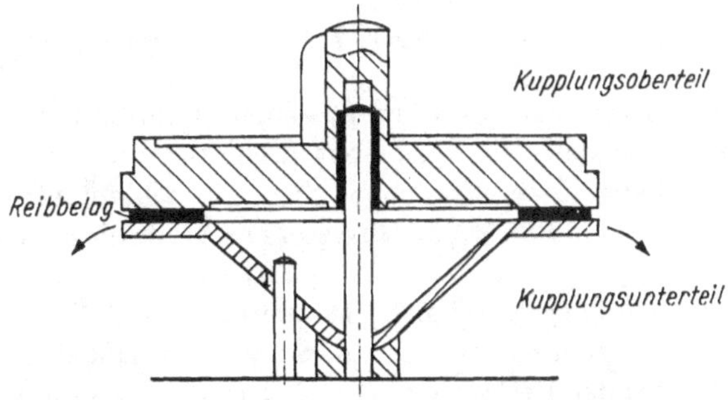

Abb. 4. Beispiel einer Abwickelkupplung

Für den Aufwickelvorgang wird das Kupplungsunterteil der Aufwickelkupplung von der Antriebswelle entsprechend dem kleinsten vorkommenden Bandspulenkern angetrieben. Vom Kupplungsoberteil wird über einen elastischen Riemen die Mitnahme eines dekadischen Zählwerkes mit Nullstellvorrichtung vorgenommen, das zum leichten Auffinden von Bandstellen dient.

Der schnelle Vor- bzw. Rücklauf des Magnetbandes wird durch die Mitnahme des jeweiligen Kupplungsoberteiles durch den Motortriebling erzielt. Dazu wird z. B. die gesamte Kupplung bzw. ein Zwischenrad für die Dauer der Funktion eingeschwenkt.

4.2.4. Bremseinrichtung

Eine nicht zu unterschätzende Aufgabe kommt den Bremsen zu, die für ein schlaufenfreies Abbremsen des Magnetbandes nach jeder Lauffunktion sorgen. Mangelhafte Justierung und Verschleißneigung der Bremsen beeinträchtigen die Zuverlässigkeit eines Magnetbandgerätes erheblich. Eine fehlerhafte Bremseinrichtung kann zur Beschädigung des Magnetbandes und zum Ausfall des Gerätes führen. Deshalb muß schon von der Konzeption und Konstruktion her den Bremsvorgängen besonderes Augenmerk zuteil werden.

Das Stillsetzen der Bandspulen nach Funktionsende wird durch Einwirkung eines Bremsmomentes auf den Umfang der Kupplungsoberteile erzielt. Die Bremsvorrichtung ist so ausgeführt, daß sich ein drehrichtungsabhängiges Bremsmoment einstellt. Abb. 5 zeigt zwei übliche Anordnungen.

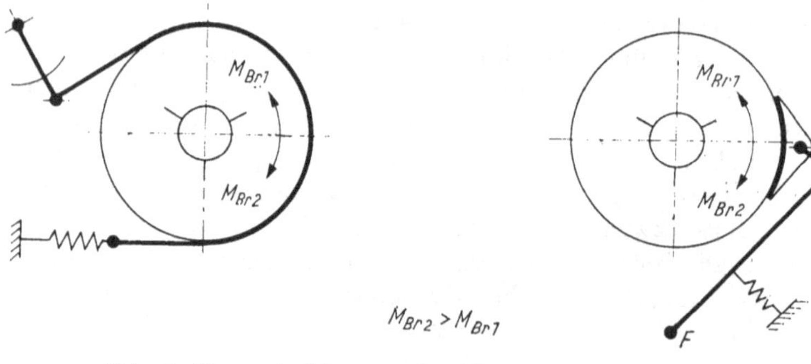

Abb. 5. Bremseinrichtungen bei Heimmagnetbandgeräten

Das Lüften des Bremsbelages während einer Lauffunktion erfolgt durch mechanisches Abheben, das vom Betriebsartenschalter gesteuert wird. Durch das drehrichtungsunabhängige Bremsmoment wird ein schlaufenfreies Abbremsen erreicht. Die abwickelnde Bandspule wird stets mehr als die aufwickelnde Bandspule gebremst.

Mit dem Einsatz dünner Langspiel-, Doppelspiel- und Dreifachspielbänder, Banddicke 35, 25 bzw. 18 μm, muß besonders auf die Vermeidung von Bandzugspitzen, die zu bleibender Verformung des Magnetbandes führen würden, Wert gelegt werden. Hierzu eignet sich eine bandzugabhängige Bremseinrichtung, wie sie das zweite Ausführungsbeispiel in Abb. 5 zeigt. Der Fühlhebel F wird vom Magnetband umschlungen, so daß sich eine Servowirkung einstellt. Dadurch verzögert sich der Abbremsvorgang zeitlich, Bandzugspitzen werden aber mit Sicherheit vermieden [5], [13] – [15]. In der Literatur ist diese Anordnung als Feinfühlautomatik bekannt geworden. Bei geeigneter Dimensionierung kann diese Anordnung auch zur Bandzugerzeugung bei den Lauffunktionen benutzt werden. Allerdings ist dabei eine hohe Rundlaufgenauigkeit des Außendurchmessers der Kupplungsoberteile Voraussetzung. Die Wahl des Bremsbelages ist in jedem Falle für die einwandfreie Funktion von besonderer Wichtigkeit. Auch hier haben sich neben Filz synthetische Werkstoffe als sehr beständig erwiesen.

4.2.5. Führungselemente

Die bei Studiomaschinen üblichen drehbaren Umlenkrollen höchster Genauigkeit sind bei Heimmagnetbandgeräten durch billige feststehende Führungsstifte ersetzt. Ziel jeder konstruktiven Überlegung ist es, mit der geringsten Anzahl von Führungselementen auszukommen. Im Laufe der Zeit hat sich eine nahezu einheitliche Anordnung der Führungselemente herausgebildet. In Abb. 6 ist diese vorherrschende Lösung angedeutet.

Vor den Magnetköpfen befindet sich eine Höhenführung, die die Spurhaltung besorgt. Zwischen den Magnetköpfen ist eine einschwenkbare Führung, hinter der Antriebswelle eine weitere Höhenführung vorgesehen. Letztere übernimmt während des Umspulens den richtigen Bandeinlauf in die Bandspule. Alle Führungen sind in Höhe und Winkelstellung einstellbar und konstruktiv wie in Abb. 7 gezeigt ausgeführt.

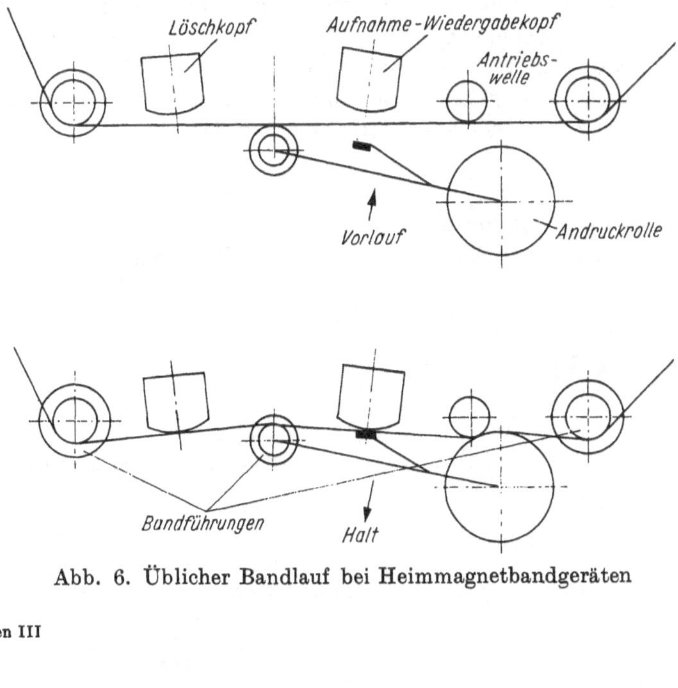

Abb. 6. Üblicher Bandlauf bei Heimmagnetbandgeräten

Wichtig für eine mühelose Bedienung eines Heimmagnetbandgerätes ist ein einwandfreier, gerader Einlegeschlitz, der ein leichtes Einlegen des Magnetbandes ermöglicht. Die maßliche Anordnung der Führungselemente muß dieser Forderung gerecht werden. An die Oberfläche der Führungsstifte werden hohe Ansprüche gestellt, um Bandlängsschwingungen niedrig zu halten. Namentlich nach Einführung der Vierspurtechnik erhöhten sich die Forderungen an die Fertigung beachtlich. Eingeengte Toleranzen und präzise Einstellung des Bandlaufes müssen in der Massenfertigung beherrscht werden.

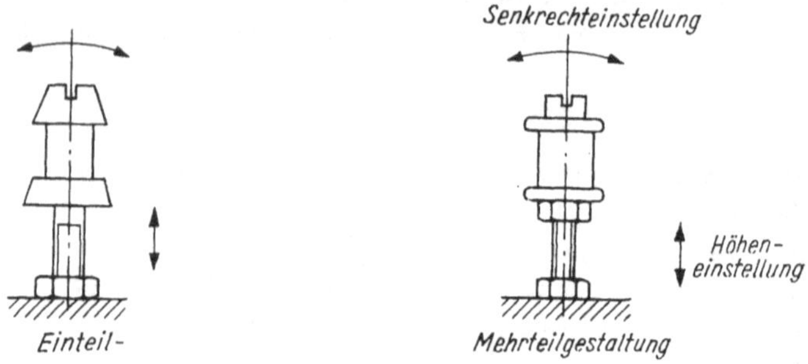

Abb. 7. Konstruktionen von Führungselementen

4.2.6. Bandendabschaltung

Heimmagnetbandgeräte streben einen hohen Bedienungskomfort an. Die international zu beobachtende Tendenz zeigt, daß Geräte, bei denen die manuelle Betätigung von Betriebsfunktionen durch automatische Schaltungen ersetzt wurde, bessere Absatzchancen haben. Die Abschaltung der Transportfunktionen bei Bandende gehört heute zur Standardausstattung eines Heimmagnetbandgerätes. Zwei Lösungswege sind vorzufinden. Erstens die Endabschaltung mittels einer an den Bandenden aufgebrachten Metallfolie, zweitens die Abschaltung durch Fühlhebel.

Bei der Folienabschaltung wird über eine isoliert montierte Bandführung ein Relais eingeschaltet, das die Auslösung der jeweiligen Betriebsart nach Abb. 8 vornimmt. Die folienlose Abschaltung erlaubt die Fertigung und Verwendung

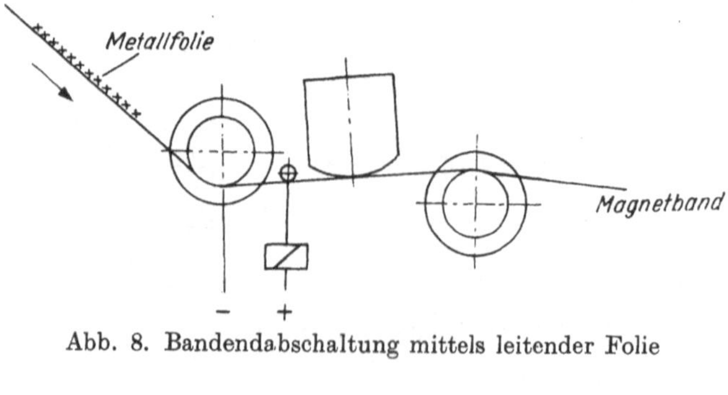

Abb. 8. Bandendabschaltung mittels leitender Folie

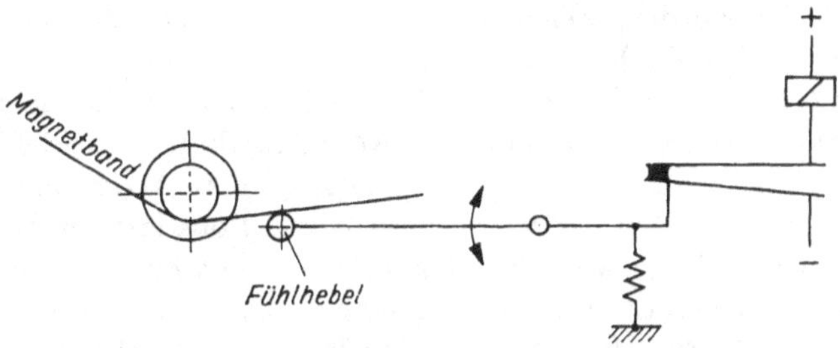

Abb.9 . Bandendabschaltung mittels Fühlhebel

unpräparierter Bänder. Ein Fühlhebel schwenkt nach Banddurchlauf ein und betätigt einen Kontaktsatz, der die Auslösefunktion einleitet. Abb. 9 läßt den prinzipiellen Aufbau erkennen. Diese Anordnung hat den Vorteil, daß sie bei wenn auch selten vorkommenden Bandrissen wirksam wird. Außerdem können Bänder beliebiger Länge benutzt werden. Unter bestimmten Voraussetzungen soll auch eine lichtoptische Stoppeinrichtung sehr vorteilhaft sein [16].

4.3. Magnetband

Die Magnetbandqualität ist eine Voraussetzung für die Verbreitung von Heimmagnetbandgeräten. Die Einführung hochwertiger Magnetitsorten und dünnen Trägermaterials trug entscheidend dazu bei, daß handliche und leichte Heimmagnetbandgeräte mit guten elektroakustischen Eigenschaften entstanden. Abb. 10 veranschaulicht die Verringerung des erforderlichen Magnetbandvolumens bei vergleichbaren elektroakustischen Daten und gleicher Speicherzeit. Die Tendenz für Volumen und Masse der Geräte verläuft ähnlich.

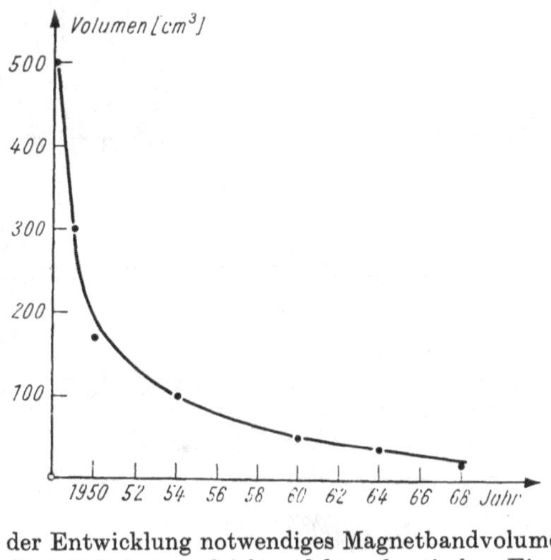

Abb. 10. Im Laufe der Entwicklung notwendiges Magnetbandvolumen für eine gleichgroße Speicherzeit bei etwa gleichen elektroakustischen Eigenschaften

Viele Versuche wurden seit dem Entstehen von Heimmagnetbandgeräten gemacht, um die Handhabung des Magnetbandes für den Benutzer zu vereinfachen. Der freitragende Bandwickel der Studioanlage wurde durch die standardisierte Doppelflanschspule ersetzt. Abschluß dieser Entwicklung ist die Bandkassette. Sie ist nach vielen problematischen Ansätzen funktionstüchtig und zuverlässig geschaffen worden. Durch Fortfall des lästigen Bandeinlegens und der Staubeinwirkung wird das Magnetband nicht mehr qualitätsmindernden Einflüssen ausgesetzt und die Gerätebedienung wesentlich vereinfacht. Abb. 11 zeigt die Compactkassette [2]. Das Magnetband tritt für den Benutzer nicht mehr in Erscheinung. Der Informationsträger ist zu einer handlichen robusten Schachtel geworden. Dadurch wird das Heimmagnetbandgerät folgerichtig einen Schritt weiter auf dem Wege zum unkomplizierten Konsumgut vorangebracht (vgl. Bd. 2 dieser Reihe).

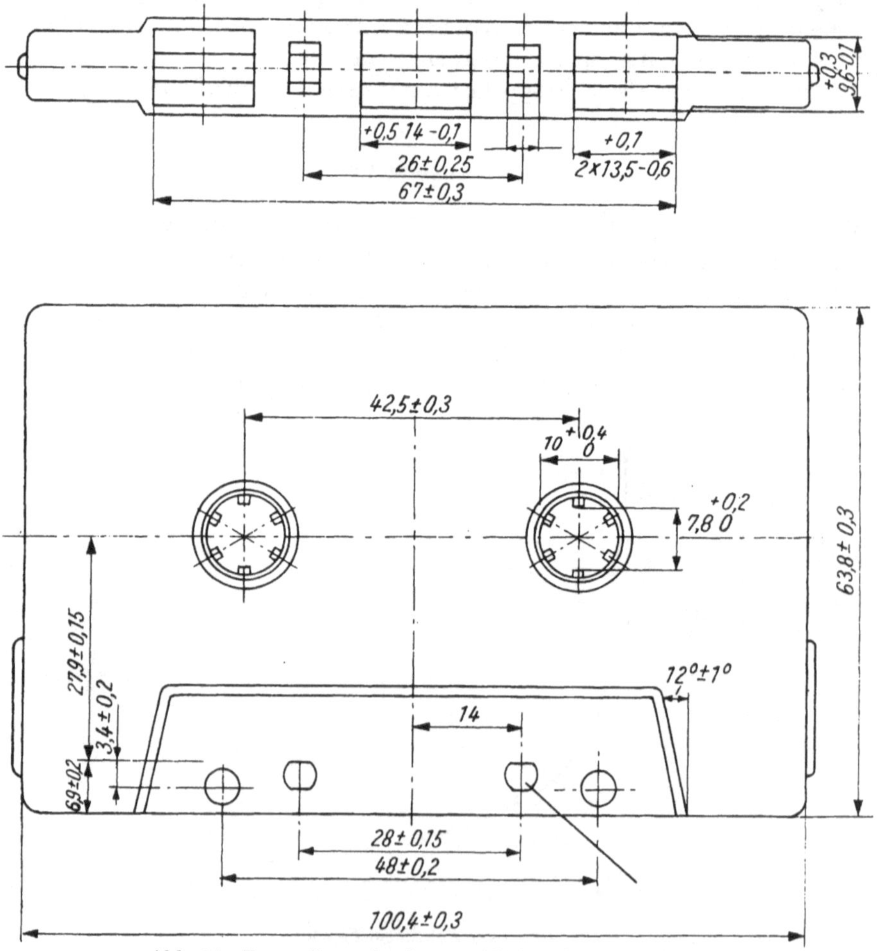

Abb. 11. Darstellung der heute üblichen Compact-Kassette

Durch den magazinierten Informationsträger von 3,5 mm Breite lassen sich Magnetbänder mit 12 μm Dicke (Vierfachspielband) anwenden. Die Aufzeichnungsspurbreite beträgt 1,75 mm bei Mono- und 0,75 mm bei Stereoaufzeichnungen. Die Kassettenabmessungen liegen in Größenordnung von 120 × 77 × 12 mm und lassen eine maximale Aufnahmekapazität von 120 Minuten zu.

4.4. Magnetköpfe

Ursprünglich wurden bei Heimmagnetbandgeräten die konventionellen Ringmagnetköpfe der Studiomagnetbandspeicher benutzt. Mit der Verringerung der Aufzeichnungsgeschwindigkeiten und der Erhöhung der Produktionsziffern wurden Magnetköpfe entwickelt, die mit geringeren Spaltbreiten und mit einer der Massenfertigung entsprechenden Technologie produziert werden konnten. Es kamen einfachere Kernformen zur Anwendung. Die Verringerung der Spurbreite forderte dann wieder bessere magnetische Kennwerte. Die vorübergehend benutzten Lösungen mit einfacher Magnetkernausbildung wurden deshalb wieder verlassen. Heute wird der lamellierte Magnetkern aus hochpermeablen Blechen mit kleinen Abmessungen allgemein verwendet. Abb. 12 zeigt einige typische Magnetkernformen des kombinierten Aufnahme-Wiedergabekopfes für Heimmagnetbandgeräte (vgl. Bd. 1 dieser Reihe).

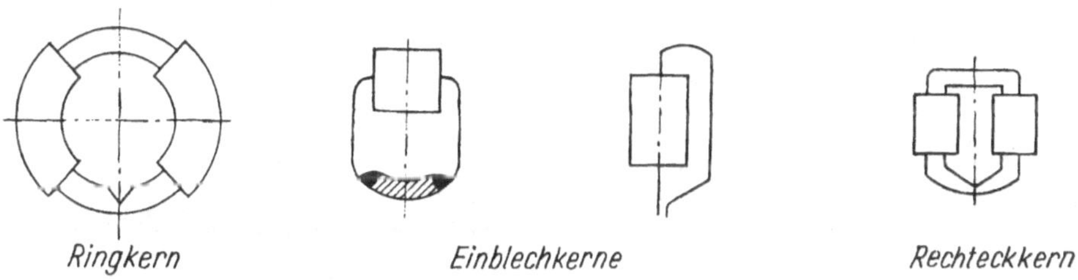

Abb. 12. Magnetkopfkernformen für Heimmagnetbandgeräte

Um einen innigen Band-Kopf-Kontakt zu erreichen, wird bei fast allen Heimmagnetbandgeräten durch geeignete Anordnungen das Magnetband zusätzlich an den Magnetkopfspiegel angedrückt. Hierfür haben sich bandförmige synthetische Gewebe gut bewährt.

Alle Bemühungen, Magnetbandköpfe besonders rationell und damit billig herzustellen, scheiterten an den hohen Anforderungen der Gerätehersteller. Es zeigt sich, daß der teuere Magnetkopf mit hervorragenden Parametern und langer Lebensdauer im Endeffekt der billigere ist, da er entscheidend die elektroakustische Qualität eines Heimmagnetbandgerätes bestimmt.

Für den Löschkopf hat sich der gesinterte Ferritkern mit feinporigem abriebfestem Gefüge seit Jahren durchgesetzt. Er sichert bei kleinem Leistungsbedarf eine ausreichend große Löschdämpfung und ist relativ billig zu fertigen.

Ein mechanisch wichtiges Bauelement ist die Magnetkopfhalterung. Sie muß die genaue Einstellung der senkrechten Spaltstellung ermöglichen und diese unverändert beibehalten.

4.5. Informationselektronik

Unter dem Begriff Informationselektronik wird die Elektronik eines Magnetbandspeichers zusammengefaßt, welche die für den Aufnahme- und Wiedergabevorgang erforderliche Aufbereitung und Verarbeitung des zu speichernden bzw. wiederzugebenden Informationssignals übernimmt. Die Baugruppen der Informationselektronik sind mit den Umschaltelementen zu einer baulichen Einheit in Form einer servicegerechten Druckplatte zusammengefaßt, wobei die Abgleich- und Einstellregler ohne Demontage zugänglich sind. Abb. 13 zeigt die prinzipiellen Funktionsgruppen der Informationselektronik eines Heimmagnetbandgerätes.

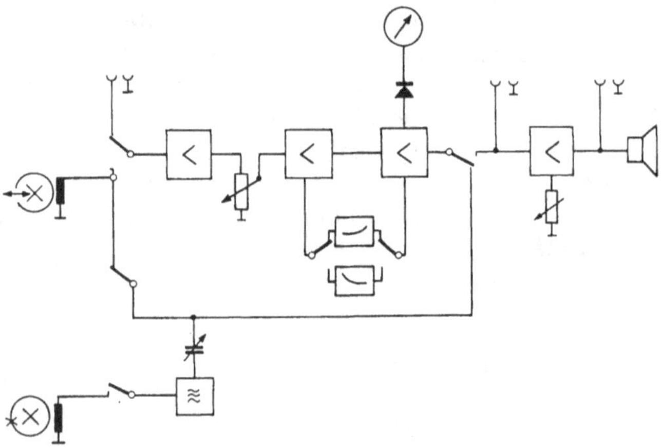

Abb. 13. Prinzipschaltbild der Informationselektronik bei Heimmagnetbandgeräten

4.5.1. Vorverstärker

Das Eingangssignal, bei Wiedergabe vom Magnetkopf, bei Aufnahme von der angeschlossenen Signalquelle, wird durch den Vorverstärker auf einen verarbeitungsfähigen Pegel verstärkt. Diese Stufe ist für die Einhaltung des von der Signalquelle bzw. vom Magnetkopf gegebenen Fremd- und Rauschspannungsabstandes verantwortlich. Sie ist deshalb mit rauscharmen Halbleitern bestückt. Anschließend wird die Pegelregelung — Aussteuerungsregelung bei Aufnahme — vorgenommen. Die Ausgangsspannung ist bereits so groß, daß Fremdfelder, die auf die Leitungen zu dem an bedienungsgünstiger Stelle angebrachten Regler ohne Einfluß bleiben.

4.5.2. Aufnahme-Wiedergabeverstärker

Im Gegensatz zum Studiogerät, bei dem aus betrieblichen Gründen ein Abhören während der Aufnahme wichtig ist, wird beim Heimmagnetbandgerät aus ökonomischen Gründen meist auf getrennte Wiedergabe- und Aufnahmeverstärker verzichtet. Der Aufnahme-Wiedergabeverstärker wird deshalb umschaltbar ausgeführt. Dadurch wird der Aufwand nur etwa halb so groß. Der umschaltbare Aufnahme-Wiedergabeverstärker besteht meist aus zwei gegengekoppelten Verstärkerstufen. Die Gegenkopplung ist umschaltbar und frequenzabhängig dimensioniert. Sie bewirkt bei Aufnahme die notwendige Anhebung der hohen Frequenzen, bei Wiedergabe die Entzerrung der Magnetkopfspannung. Beide Gegenkopplungszweige sind sorgfältig bemessen, um die standardisierten Bandflußverläufe mit engen Toleranzen für die Austauschbarkeit von Bändern auf beliebigen Geräten einzuhalten.

Die Ausgangsspannung wird der Aussteuerungsanzeige und der NF-Endstufe zugeführt. Außerdem steht sie zum Anschluß weiterer Wiedergabeeinrichtungen bereit.

4.5.3. NF-Endstufe

Die Endstufe versorgt den im Gerät befindlichen bzw. zusätzlich anschließbaren Wiedergabelautsprecher. Eine Klangbeeinflussung berücksichtigt individuelle Wünsche. Bei der räumlichen Anordnung des Leistungsverstärkers ist den kritischen Verhältnissen hinsichtlich des hohen Gesamtverstärkungsfaktors Rechnung zu tragen, um Rückwirkungen in Form von unerwünschten Gegen- oder Mitkopplungen zu vermeiden. Die Gesamtverstärkung eines Heimmagnetbandgerätes liegt in der Größenordnung von 10^5. Damit liegt der Verstärkungsfaktor weit höher als bei anderen elektronischen Konsumgütern, bei denen eine mehrmalige Frequenzumsetzung stattfindet, die den Aufbau unkritischer werden läßt. Das Heimmagnetbandgerät stellt damit sowohl an die Feinwerktechnik wie auch an die Elektronik große Anforderungen, die mit geringstem Aufwand in hohen Stückzahlen realisiert werden müssen.

4.5.4. HF-Generator

Die für die Löschung und Vormagnetisierung benötigte Hochfrequenz von etwa 60 kHz wird durch einen HF-Generator erzeugt. Besonderes Augenmerk ist auf gute Symmetrie der HF-Schwingung zu legen, um das Bandrauschen niedrig zu halten. Während die Frequenzstabilität unkritisch ist, muß für gute Amplitudenkonstanz gesorgt werden, da geringe Veränderungen des Vormagnetisierungsstromes großen Einfluß auf den Arbeitspunkt und somit auf den Frequenzverlauf des äußeren Bandflusses haben.

Weiterhin ist den HF-Potential führenden Leitungen und Bauelementen Beachtung zu schenken, um das Eindringen von vagabundierenden HF-Spannungen in den Aufnahme-Wiedergabeverstärker mit Sicherheit zu vermeiden.

Um die Informationselektronik weiter zu verbilligen, wird oft die NF-Endstufe ebenfalls umschaltbar ausgeführt und bei Aufnahme als HF-Generator benutzt. Liegt eine Gegentaktendstufe vor, so kann ein Gegentaktgenerator betrieben werden.

4.6. Bedienungskomfort und Besonderheiten

Unverkennbar ist die Tendenz, die Bedienung von Heimmagnetbandgeräten so einfach und sicher wie möglich zu gestalten. Neben der Bandkassette hat sich die selbsttätige Aussteuerungsregelung bei Aufnahme eingeführt. Der Verstärkungsgrad des Aufnahmeverstärkers wird in Abhängigkeit vom Eingangssignal geregelt. In einer besonderen Stufe wird die notwendige Regelspannung erzeugt. Eine sehr kurze Zeitkonstante von etwa 50 ms sichert eine schnelle Herunterregelung, um Übersteuerungen zu vermeiden. Die Heraufregelung der Verstärkung wird mit einer Zeitkonstante von > 1 min vorgenommen, so daß selbst bei klassischer Musik der Dynamikgehalt der Information nur wenig verfälscht wird. Durch diese Einrichtung ist auch die Betriebsart Aufnahme allein durch Tastendruck bedienbar [17], [18].

Stereoheimmagnetbandgeräte gleichen in ihrem mechanischen Aufbau den Monogeräten. Statt Halbspur- sind Viertelspurmagnetköpfe eingesetzt, und der Aufnahme-Wiedergabeverstärker ist doppelt vorhanden. Schalteranordnungen erlauben das Einschalten besonderer Betriebszustände. Hierunter fällt die parallele Wiedergabe beider Stereospuren mit vorher getrennt aufgezeichnetem Monoinformationsinhalt.

Bei einigen Gerätetypen ist es möglich, gleichzeitig eine Spur auf Wiedergabe, die andere auf Aufnahme zu schalten, und Umzeichnungen auf dem eigenen Gerät unter Hinzumischen einer weiteren Information vorzunehmen (playback bzw. multiplayback). Wegen der HF-Einstreuung und der Gefahr der Selbsterregung wird hierbei jedoch der Übertragungsbereich nach oben begrenzt. Solche Geräte sind weniger als Heimmagnetbandgeräte, vielmehr als raffinierte Amateurgeräte anzusehen. Die Beherrschung dieser Aufnahmetechnik erfordert schon ein hohes Maß an technischen und tontechnischen Fachkenntnissen und Erfahrungen. Zu erwähnen sind auch spezielle Zusätze zum Kopieren von Bandaufzeichnungen. Einige Firmen entwickelten hierfür käufliche Einrichtungen für bestimmte Geräte [19]. Amateure gehen zum Teil sehr eigenwillige Wege [20]. Die Fa. Grundig entwickelte ein Zusatzgerät, mit dem „hinter Band“ beim Aufzeichnen mitgehört werden kann [21]. Schließlich sei auch noch das Sonderzubehör zur Schmalfilmvertonung erwähnt [22] — [27].

4.7. Diktiergeräte

Neben den Heimmagnetbandgeräten, die für Musikspeicherung ausgelegt sind, entwickelten sich Geräte, die ausschließlich für Sprachaufzeichnung konzipiert wurden. Diese Geräteklasse ist unter dem Begriff Diktiergeräte bekannt. Kennzeichen dieser Speicher sind:

- für Sprachfrequenzen dimensionierte Elektronik
- Transportwerk mit geringeren Gleichlaufeigenschaften

— hoher Prozentsatz des Sortiments batteriegespeist
— vom Mikrophon auf fernbedienbar
— bürogerechte Formgebung.

Diktiergeräte werden je nach dem Charakter des Einsatzes und der vorliegenden Bürotechnik ausgeführt. Die Anwendung umfaßt das Diktieren von Korrespondenzen, Berichten, Befunden, Manuskripten usw. Diktiergeräte werden besonders rationell dort eingesetzt, wo Niederschriften wegen der Arbeitsbedingungen schlecht oder nur unter Mitwirkung einer weiteren Person möglich sind, wie z. B. in der Röntgendiagnostik, Forschung, Kriminalistik usw. Je nach dem Einsatzzweck wird der Informationsträger ausgewählt. Neben dem Magnetband sind Magnetplatte, Magnetfolie, Magnetmanschette zu finden. Der Informationsträger fließt teilweise in die Büroorganisation z. B. als Karteikarte (Magnetfolie) ein. Aus diesem Grunde ist bislang eine Standardisierung der Diktiergeräteeigenschaften ausgeblieben. Die verschiedenen Prinzipien und Gerätetypen bestehen parallel nebeneinander [28] — [34].

Bedingt durch die geometrische Form des Informationsträgers ergeben sich unterschiedliche Transportwerke. Hier kann unterschieden werden zwischen Langzeit- und Kurzzeitdiktiergeräten. Kurzzeitdiktiergeräte haben Speicherzeiten von 5···15 min, Langzeitdiktiergeräte bis etwa 60 min. Erstere arbeiten mit Magnetplatten, Magnetfolie oder kassettiertem Magnetband, letztere gleich den Heimmagnetbandgeräten mit Magnetbandspulen.

Die feinwerktechnischen und technologischen Merkmale sowie die Konstruktionselemente des Transportwerkes sind den Heimmagnetbandgeräten entlehnt. Aufwendiger sind hingegen die Mittel zur Steuerung der Transportwerkfunktionen. Die Bedienung muß vom Mikrophon oder von einem Fußschalter aus erfolgen. Deshalb wird die Steuerung elektromagnetisch bewirkt. Die Funktionen müssen entsprechend verriegelt sein, um Fehlbedienungen auszuschalten.

In vielen Verwaltungsbetrieben ist eine Diktatzentrale — Zentrales Schreibzimmer — eingerichtet. Das Diktieren wird über die Fernsprechanlage des Hauses vorgenommen. Die Bedienung des angewählten Diktiergerätes wird mittels Wählimpulse bewerkstelligt. Hierfür muß das Transportwerk eingerichtet sein. Man findet deshalb Anfangs- und Endmarkierungen der Speicherzeit und andere Zustandssignalisierungen vor, die einen gerätetechnischen Aufwand bedingen. Aus diesen Gründen unterscheiden sich Diktiergeräte trotz geringerer elektroakustischer Daten preislich nicht von Heimmagnetband geräten [35].

Die Informationselektronik von Diktiergeräten weist die gleichen Baugruppen wie Heimmagnetbandgeräte auf. Lediglich ist sie dem geringeren Übertragungsbereich, meist 300···5000 Hz, angepaßt. Sie ist aber durch größere Toleranzen und geringere Endleistungen einfacher zu beherrschen. Zur Bedienungsvereinfachung findet man häufig eine automatische Aussteuerungsregelung vor. Für Sonderfälle wird eine Anordnung mit mehreren rotierenden Magnetköpfen benutzt, die eine Zeitraffung oder Zeitdehnung ohne Veränderung der Tonhöhe ermöglicht [36].

Die Wiedergabe läßt sich damit genau an die Schreibgeschwindigkeit anpassen, ohne daß ein stückweises Abhören des Textes vorgenommen zu werden braucht. Eine solche Anordnung ist auch für Sprachunterricht und für wissenschaftliche Zwecke günstig.

Vielfältig ist das Zubehör für Diktiergeräte. Es werden lautsprechende Handmikrophone, Ohrhörer, Fußschalter, Schreibmaschinenschalter, Fernsprechanschlußschaltungen, Batterieladegeräte usw. angeboten.

Neben den Diktiergeräten sind in den letzten Jahren neuartige Geräte für spezielle Aufgaben entstanden. Hierunter fallen z. B. automatische Anrufbeantworter, die bei Teilnehmerabwesenheit die Nachrichtenübermittlung über den Fernsprecher ermöglichen. Bei einem Anruf übernimmt eine elektronische Schaltung die Teilnehmerfunktionen. Der vorher auf einer endlosen Magnetbandschleife aufgesprochene Text wird dem Anrufer übermittelt. Je nach Schaltungsart kann der Anrufer im Bedarfsfall eine Mitteilung absetzen, die auf ein vom Fernsprechanrufbeantworter gesteuertes angeschlossenes Diktiergerät gespeichert wird [37] — [41].

Es ist abzusehen, daß mit der fortschreitenden Rationalisierung von menschlichen Arbeitsprozessen weitere neuartige magnetische Signalspeicher entstehen werden, die auf dem Gebiet der Verwaltungstechnik und der Büroorganisation neue Aufgaben übernehmen.

4.8. Elektronische Notizbücher

Unter der Bezeichnung Elektronische Notizbücher faßt man Magnetbandspeicher zusammen, die wegen ihrer Abmessungen und ihrer Masse ausgesprochene Taschengeräte darstellen und die für die Aufzeichnung von Sprache dimensioniert sind. Sie ersetzen einen Notizblock und deshalb hat sich diese Benennung für derartige Kleinstgeräte eingeführt. Die Entwicklung der Magnetbandspeichertechnik mit ihren bekannten Vorteilen zur Konservierung von Schallereignissen führte zu immer kleineren Gerätetypen. Die Verbreitung der Halbleitertechnik gab einen entscheidenden Anstoß zur Verwirklichung von Kleinstspeichern. Elektronische Notizbücher haben folgende Merkmale:

- Volumen unter 500 cm^3
- Masse kleiner 0,5 kp
- einfachste Bedienung
- lageunabhängiger Antrieb
- magazinierter Informationsträger
- Speisung aus eingebauten Stromquellen
- eingeschränkte elektroakustische Parameter

Kleinstgeräte sind in den letzten Jahren vorwiegend von japanischen Herstellern auf den Markt gebracht worden. Das bis dahin bestehende Preisniveau wurde wesentlich nach unten verschoben. Die benutzten Transportwerkkonstruktionen sind teilweise äußerst einfach, indem mit veränderlicher Bandgeschwindigkeit gearbeitet wird. Abb. 14 zeigt eine prinzipielle Anordnung. Andererseits sind verkleinerte Heimgerätelaufwerke mit hoher Präzision anzutreffen, was sich im Gerätepreis widerspiegelt [42]–[46].

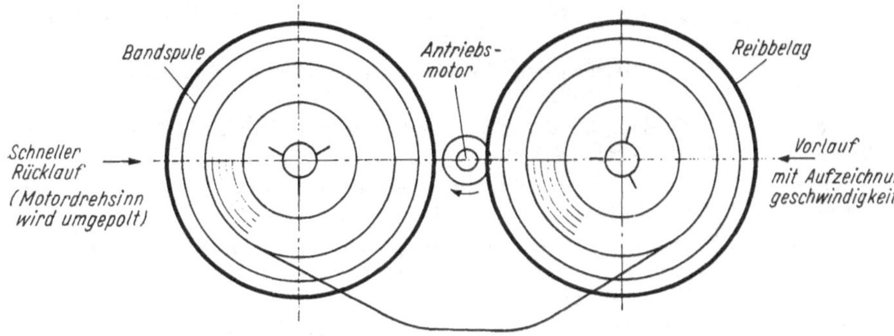

Abb. 14. Antrieb beim elektronischen Notizbuch

Die Elektronik zeigt gleichartige Tendenzen. Einfache Geräte arbeiten mit Gleichstromvormagnetisierung. Sie sind insgesamt mit 3···4 Transistoren bestückt. Hochwertige Fabrikate haben eine den Diktiergeräten gleichende Elektronik und vielseitiges Zubehör, wie Armbanduhrmikrophon usw. Die Fa. Grundig fertigt das Elektronische Notizbuch EN 3 bereits mit integrierter Schaltung [42].

Obwohl die zur Zeit in Benutzung befindlichen Stückzahlen gemessen an Heim- und Diktiergeräten gering sind, wird sich der Anteil künftig sehr erhöhen. Die Vorteile des Elektronischen Notizbuches sprechen dafür. Es ist leicht mitzuführen und gestattet schnell Notizen, Berichte, Stichworte, Arbeitsergebnisse usw. festzuhalten und später auszuwerten. Es wird keine Schreibgelegenheit benötigt, und es kann bei Dunkelheit und anderen ungünstigen Umständen benutzt werden.

4.9. Literatur

[1] Geisthardt, K. H.: Taschen-Recorder 3300. Funk-Technik **19** (1964) H. 5, S. 143.

[2] Geisthardt, K. H.: Cassetten-Recorder „3310“. Funk-Technik **21** (1966) Nr. 12, 2. Juniheft, S. 453.

[3] Mäwius, W.: „Magnetophon 97“ ein neues Vierspur-Stereo-Gerät. Funk-Technik **17** (1962) H. 6, S. 166.

[4] Brauns, H.: Cassetten-System „DC International“ und Cassetten-Tonbandgerät „C 100“. Funk-Technik **20** (1965) H. 17, S. 664.

[5] Brardt, G., und Dicke, R.: BG 26-1 ein modernes Heimmagnettongerät. radio u. fernsehen **12** (1963), S. 109.

[6] Foerster, H.: Der Antrieb bei Heimtonbandgeräten. radio u. fernsehen **12** (1963) H. 5, S. 135.

[7] Anonym: Technische Einzelheiten des Laufwerkes der neuen Grundig Tonbandgeräte. Grundig Techn. Informat. (1961) H. 7, S. 226.

[11] Anonym: Antriebsprobleme bei Tonbandgeräten. Grundig Techn. Informat. (1958) Nov., S. 6.

[12] PAASCH, S.: Magnetspeichergerät für tiefe Frequenzen. Diplomarbeit TU Dresden, Inst. f. Elektro- u. Bauakustik 15. 1. 63.

[13] KNICKER, W.: Magnetophon 97. Funk-Technik **16** (1961) H. 10, S. 363.

[14] MÄWIUS, W.: „Magnetophon 97" ein neues Vierspur-Stereo-Gerät. Funk-Technik **17** (1961) H. 6, S. 166.

[15] Anonym: Feinstufige Bremswirkung bei einem Tonbandgerät. Funkschau **26** (1954) H. 21, S. 452.

[16] BUCKLEY, G. V.: Automatik tape stop. Wireless Wld. **68** (1962) H. 2, S. 74; Ref.: Funk-Technik **17** (1962) H. 5, S. 158.

[17] KALB, W.: Die automatische Aussteuerungsregelung im Tonbandkoffer TK 19 Automatik. Funk-Technik **18** (1963), H. 9, S. 307.

[18] KNICKER, W.: Magnetophon automatik. Funk-Technik **17** (1962) H. 14, S. 471.

[19] BREMBS, K.: „MT 3624" Stereo-Magnettongerät mit Kopiermöglichkeit. Funktechnik **19** (1964) H. 11, S. 399.

[20] OSTRICH: Das Doppelmagnettongerät. Funk-Technik **11** (1956) H. 15, S. 443; H. 23, S. 475; **12** (1957) S. 689; S. 718; S. 21; S. 55; S. 86; S. 118.

[21] Anonym: Grundig Aufnahme-Kontrollgeräte AK 2 zum Über Band-Mithören". Grundig Techn. Informat. (1959) Nov., S. 27.

[22] SCHURIG, E.: Impulsgesteuerte Schmalfilmvertonung. Funk-Technik **19** (1964) H. 4, S. 113.

[23] DIEFENBACH, W.: Schmalfilmvertonung mit Tonkopplern. Funk-Technik **15** (1960) H. 23, S. 820.

[24] MÄWIUS, W.: Schmalfilmsynchronisiergerät „Telechron II". Funk-Technik **16** (1961) H. 6, S. 172.

[25] GROTE, G.: Synchrone Schmalfilmvertonung. Schmalfilm **13** (1961) H. 10, S. 336.

[26] SCHURIG, E.: Vertonen nach der Impulssteuerungsmethode. Ton-Magazin **6** (1963) H. 6, S. 47.

[27] STRAUSH, H.: Die elektronische Schmalfilmsynchronisation. Funk-Technik **19** (1964) H. 16, S. 589; H. 17, S. 616; H. 18, S. 669; H. 19, S. 699.

[28] Anonym: Neues Reisediktiergerät 83. Funk-Technik **19** (1964) H. 2, S. 55.

[29] Anonym: EL 3581 R, ein neues Diktiergerät mit Fernschaltung von Philips. Funk-Technik **17** (1962) H. 1, S. 2.

[30] Anonym: Stenorette R, ein Reisediktiergerät von Grundig. Funk-Technik **17** (1962) H. 7, S. 198.

[31] BARTELS, K.: Universal-Diktiergerät „Traveller". Funk-Technik **14** (1959) H. 1, S. 11.

[32] Anonym: Tonbanddiktiergerät EL 3581 mit Spezialkassette. Funk-Technik **14** (1959) H. 10, S. 350.

[33] JAKOBS, K., und MANN, P. K.: BG 31 ein neues Diktiergerät. radio und fernsehen **14** (1965) H. 2, S. 41.

[34] DIEFENBACH, W. W.: Neue Magnettongeräte. Funk-Technik **19** (1964) H. 11, S. 403.

[35] CUBASCH, F.: Fernsteuerung von Diktiergeräten über Telefonleitungen. Funk-Technik **14** (1959) H. 7, S. 204.

[36] SPRINGER, A. M.: Rotierende Mehrfachköpfe. Gravesaner Blätter **6** (1961) H. 21, S. 38.

[37] Anonym: Anrufbeantworter Teleboy 100. Funk-Technik **20** (1965) H. 21, S. 852.

[38] Anonym: Anrufbeantworter 101. Funk-Technik **18** (1963) H. 5, S. 157.

[42] Anonym: Elektronisches Notizbuch EN 3 mit integrierter Schaltung. Funk-Technik **21** (1966) H. 5, S. 162.
[43] Anonym: Diktiergerät in Taschenformat. Funk-Technik **20** (1965) H. 15, S. 573.
[44] GEISTHARDT, K. H.: Taschenrecorder 3300. Funk-Technik **19** (1964) H. 5, S. 143.
[45] Anonym: Das elektronische Notizbuch EN 3. Funk-Technik **19** (1964) H. 24, S. 886.
[46] Anonym: Das sprechende Buch. Funk-Technik **15** (1960) H. 1, S. 13.
[39] LUDWIG, W.: Telefonanrufbeantworter T 101. Funk-Technik **18** (1963) H. 9, S. 312.
[40] Anonym: Ein automatischer Anrufbeantworter von Graetz. Funk-Technik **18** (1963) H. 14, S. 502.
[41] JOHN, H.: Tonbandanrufbeantworter als Gesprächspartner. Funk-Technik **17** (1962) H. 4, S. 106.

5. Entwicklung der Magnetspeichertechnik

Von Horst Völz

5.0. Einleitung

Die Geschichte einer Technik darzustellen, birgt mehrere Gefahren in sich. Sie kann zu einer Bibliographie ohne wesentliche Systematik ausarten, sie kann aber auch den geschichtlichen Ablauf ohne Literatur oberflächlich darstellen. Erstmalig versuchte der Autor 1961/62, eine Geschichte der Magnetspeichertechnik zu schreiben [65.1]. Das dort Gesagte bedarf natürlich heute einer kritischen Durchsicht und vor allem einer beträchtlichen Ergänzung. Wieviel Neues in der Zwischenzeit entstand, wurde dem Autor erst bewußt, als die zu erfassenden Arbeiten zusammen vor ihm auf dem Schreibtisch lagen. Statt einer Ergänzung wurde eine vollständig neue Bearbeitung notwendig. Wie in dem erwähnten Artikel bereits erwartet, sind jetzt die Gebiete Schall-, Video-, Meßwert- und Digitalspeicherung getrennt zu behandeln. Zum Stand der Technik soll hier kaum etwas gesagt werden. Sie ist in diesem Band bzw. in den

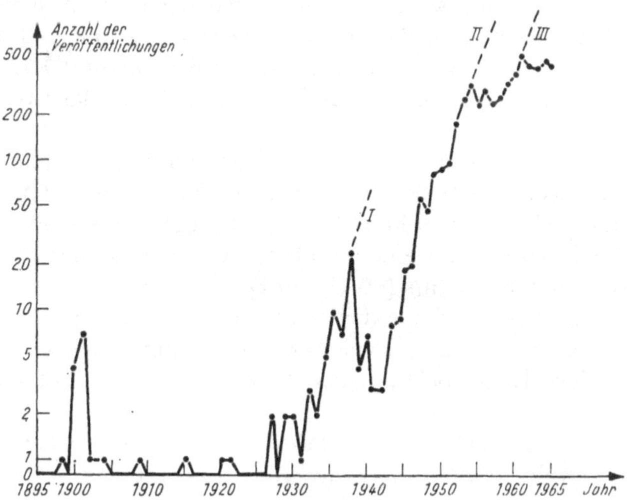

Abb. 1. Zahl der Veröffentlichungen je Jahr
I. = Abbruch der Entwicklung durch den 2. Weltkrieg
II. = Einsetzen der Digitaltechnik
III. = Meßwertspeicherung und Magneto-Optik

anderen Bänden dieser Reihe als Fachwissen aufbereitet. Es bleiben vorwiegend die zeitlichen Entwicklungsstufen herauszuarbeiten. Dementsprechend sind die Literaturzitate ausgewählt. Einleitend sei noch ein Überblick zur Anzahl der Publikationen über die Zeit gegeben. Abb. 1 zeigt diesen Verlauf vom Beginn bis etwa 1965. Bis zu diesem Zeitpunkt wurde die Literatur sehr vollständig durch die Originalliteratur und Referateblätter erfaßt. Natürlich ist dabei die Abgrenzung ein Problem. So sind auch die gestrichelten Äste verständlich. Sie ergeben sich aus dem Beginn des Krieges 1939 (I), dem Hinzukommen der Digitaltechnik (II) und weiterer neuerer Methoden (Meßwertspeicherung, Magneto-Optik usw. (III). Die letztere gewaltige Ausdehnung hatte auch in unseren Laboren zur Folge, daß keine einheitliche Kartei mehr geführt wurde. Deshalb wurde diese Auswertung 1966 abgebrochen.

Zur besseren Übersicht befindet sich am Ende dieses Buches eine Zeittafel. In ihr wurden allerdings die meisten Querverbindungen fortgelassen.

5.1. Vorgeschichte und Poulsen

Der Wunsch, Schallereignisse zu „konservieren", um sie später wiedererzeugen zu können, ist sehr alt. Die ersten erfolgreichen Versuche wurden nach Mitte des 19. Jahrhunderts von Edison, Scott und Berliner auf rein mechanischer Basis unternommen. Die Weiterentwicklung führte zu der heutigen Langspiel- und Stereo-Schallplatte [61.1], [67.1]. Zur gleichen Zeit wurden auch die Grundlagen des Elektromagnetismus untersucht; diese Ergebnisse führten bereits in den Jahren 1887/88 zu drei erfolgversprechenden Ansätzen der magnetischen Schallspeicherung [52.1], [53.1]. Neben Wittedick und Janet ist vor allem O. Smith zu nennen, der vorschlug, zur Speicherung Fäden mit eingewebten Feilspänen zu verwenden und diese durch Induktionsspulen zu führen [87.1].

Als eigentlicher Beginn der Magnetspeichertechnik ist die Konstruktion des „Telegraphone" von Poulsen anzusehen, der hierfür den „Grand Prix" der Pariser Weltausstellung im Jahre 1900 erhielt. Dieses sowie alle zunächst folgenden Geräte arbeiteten mit einem Stahldraht von etwa 1 mm ∅ bei einer Geschwindigkeit von etwa 20 m/s [00.1], [50.1]. Bald erwarben verschiedene Firmen die Lizenz und verwendeten die Geräte hauptsächlich für die Aufzeichnung von Konferenzen und Diktaten sowie für den Tonfilm. Abb. 1 zeigt diesen Anstieg und zugleich, da für die Probleme die Zeit noch nicht reif war, den Abfall um 1905.

1907 verbesserte Poulsen sein Verfahren durch die Gleichstromvormagnetisierung, und obwohl er auch die Trägergeschwindigkeit und den Drahtdurchmesser auf ein Zehntel verkleinern konnte, ließ das Interesse an der magnetischen Schallspeicherung wieder schnell nach. Die Entwicklung der Elektronenröhren (1920) schuf neue Möglichkeiten, jedoch blieb dem Verfahren immer noch eine weite Ausbreitung versagt, da es gegenüber der Schallplatte und dem Tonfilm beträchtliche Qualitätsnachteile aufwies. Aus diesem Grunde wurde es bis etwa 1935 praktisch nur für Diktatzwecke, Telefonaufzeichnungen und Rundfunkreportagen verwendet.

5.2. Entwicklung der Informationsträger

5.2.1. Erstes Band und ökonomische Entwicklung

Einen neuartigen Informationsträger schuf PFLEUMER, indem er Papierband mit Eisenpulver beschichtete. Dieses Band führte er 1928 der Presse vor, wobei er anschaulich einen wichtigen Vorteil demonstrieren konnte. Das im Lauf zerrissene Band ließ sich augenblicklich so zusammenkleben, daß die Klebstelle praktisch unhörbar war. Außerdem vermeidet ein solches Band den sehr gefürchteten „Drahtsalat" und hat einen geringeren Kopiereffekt. Auf Vorschlag der AEG übernahm die Badische Anilin- und Sodafabrik die Entwicklung. 1932 standen die ersten Versuchsbänder mit Eisenpulver auf Acetylcellulose zur Verfügung. 1934 lieferte die BASF 50 km Band für die Funkausstellung [65.3]. 1935 wurde statt des Eisenpulvers der schwarze Magnetit Fe_3O_4, später das braune γ-Fe_2O_3 und 1943 als Träger „Luwitherm" verwendet; 1939 verließen bereits $5 \cdot 10^6$ m Band das Werk [61.2], [54.1], [60.1], [59.1]. Zu erwähnen ist noch, daß unabhängig von PFLEUMER auch in Japan ein ähnlicher Tonträger entwickelt worden sein soll [56.1]. Da die Deutschen Rundfunkanstalten bereits vor 1945 90% der Sendezeit mit Bandaufnahmen bestritten, trat nach dem Kriege zunächst eine Bandknappheit auf. Deshalb wurde für einige Jahre eine alte Anlage in Gendorf, deren Erzeugnisse unter dem Namen „Geneton" bekannt wurden, wieder in Betrieb genommen. Die bereits 1943 nach Wolfen ausgelagerte Produktion entwickelte eine beachtliche Bedeutung.

Die weitere Entwicklung der Magnetbandtechnik drückt sich u. a. in der großen jährlichen Zuwachsrate von etwa 20% aus. Die Weltproduktion stieg von Jahr zu Jahr [63.5], und 1966 war schon von einem Milliardengeschäft die Rede [66.9]; von 1964 bis 1966 baute dann die BASF eine große neue Bandfabrik auf [64.3], [66.9], [66.10]. In den westlichen Ländern wurde dabei der Konkurrenzkampf immer härter, was die immer stärkeren Konzernverflechtungen zeigen [62.7], [62.8], [66.9]. In Westeuropa gab es 1966 etwa 10 Firmen. Zu dieser Zeit sind etwa 40% Computer-, 30% Audio-, 20% Instrumentations- und 10% Videobänder produziert worden [66.9], [66.11], [65.12]. 1969 sollen in der Welt für etwa 2 Milliarden Mark magnetische Speichermedien hergestellt worden sein. Den größten Teil von 800 Millionen haben die Magnetplattenstapel. Dann folgen die Computerbänder mit 550, die Audiobänder mit 500, die Instrumentationsbänder mit 125 und die Videobänder mit 75 Millionen Mark [70.1], [70.2].

5.2.2. Breite des Bandes

Während das Magnetband zu Anfang 6,5 mm breit war, schrumpfte seine Breite mit der Normung um 1948 in den USA zunächst auf 6,35 mm ($^1/_4$ Zoll!)

zusammen. Aus unerklärbaren Gründen ist daraus heute 6,25 mm geworden, was besonders deshalb problematisch ist, da alle anderen Bandbreiten stets ein vielfaches von $^1/_4$ Zoll sind.

5.2.3. Normung der Geschwindigkeit

War zu Anfang die Geschwindigkeit 72 cm/s, so wurde sie mit der Normung ebenfalls auf einen Zollwert (30 Zoll) 76,2 cm/s festgelegt. Etwa 1956 erfolgte der Übergang im Studio auf 38,1 cm/s. Die meisten späteren Geschwindigkeiten werden hieraus durch mehrfache Halbierung abgeleitet (siehe auch Abschn. 5.3 und 5.5).

5.2.4. Dicke und Unterlage des Bandes

Anfangs betrug die Dicke des Magnetbandes 52 μm. Sie wurde im Laufe der Entwicklung ständig verringert, um auf gleichen Spulen längere Spielzeit zu erhalten. Bis etwa 35 μm (Langspielband wurde 1954 eingeführt [65.3]) genügte die allgemein übliche Acetatcellulose. Bis zu 26 μm (Doppelspielband) ließ sich das Luwitherm verwenden. 1957 wurde das bessere Polyester eingeführt [57.1], [61.5]. Hierdurch erfolgt zunächst 1961 der Übergang zum Tripelband (18 μm) [61.3], [61.4], [62.1]. 1965 wird das Vierfachband [65.2] und 1969 sogar das Sechsfachband (9 μm) [69.1] erwähnt. Wie bedeutsam der Fortschritt durch das Polyester ist, wurde in zahlreichen Versuchen demonstriert [62.2].

5.2.5. Mehrspurtechnik

Ursprünglich erfolgten alle Aufzeichnungen über die volle Breite des Bandes. Für die Heimtontechnik gewinnt ab 1950 die Halbspurtechnik an Bedeutung. Wenn auch zunächst sehr umstritten, wird 1959 die Viertelspurtechnik eingeführt [59.3]. Damit gewinnen drop-outs eine beachtliche Bedeutung [65.8]. Dieses Problem ist noch stärker bei den nicht akustischen Anwendungen des Magnetbandes vorhanden. Zur Minderung der drop-outs wird die Reinigung des Bandes bedeutsam [60.2], [65.9], [66.4].

5.2.6. Konfektion des Bandes

Waren ursprünglich die Magnetbänder auf Bobbys (d. h. ohne Randschutz) gewickelt, so erfolgte mit der Heimtontechnik in Europa um 1950 der Übergang zu Spulen, wie sie schon zuvor vom 8-mm-Schmalfilm verwendet wurden. Um 1963 begann eine neue Technik durch die Kassetten [65.4]. Hierbei konnte auch dünnes Band sicherer und staubfreier aufbewahrt werden. Die Breite des Bandes geht dabei auf 3,81 mm zurück. Zugleich kann auch der Laie mit den Kassetten besser umgehen. Dabei entwickelte sich zunächst ein starker Konkurrenzkampf [65.5], bis schließlich doch nur die Compact-Cassette übrig blieb. Es sei erwähnt, daß die Kassettentechnik auf sehr frühe Entwicklungsstufen zurückblicken kann [59.2], [65.6]. Die erste Kassette wurde bereits 1951 angewendet [66.1]. Ein weiterer Vorteil der Kassettentechnik ist, daß so auch bespielte Bänder besser zu vertreiben sind [67.2]. Dabei zeigt sich aber besonders deutlich, wie teuer Konfektionieren und Bespielen ist [65.7].

5.2.7. Magnetische Substanzen

Entscheidende Verbesserungen wurden durch die Weiterentwicklung der magnetisierbaren Substanzen erreicht. Um 1953 konnte durch Cobaltzusatz die Koerzitivfeldstärke erheblich gesteigert werden [54.2]. Durch verschiedene Störungen, wie schlechte Löschbarkeit und starker Kopiereffekt, wurde dieser Weg, der in der DDR zum CH-Band führte, bald wieder verlassen. Etwa um 1958 wurde in Europa von den kubischen zu den prismatischen Kristallen übergegangen. Damit rückte auch die Anisotropie der Magnetbänder stark ins Interesse. Durch Verkleinern der Teilchen und weitere technologische Neuerungen gelingt es, in den letzten Jahren ein Band mit geringerem Rauschen und größerer Aussteuerbarkeit zu entwickeln [66.2], [67.3], [68.1] (Low-Noise-Tape).

Seit einiger Zeit rückt das Chromdioxidband immer mehr ins Interesse [67.4]. Ebenso gewinnen Metallpulver und metallische Schichten an Bedeutung [70.1]. Es scheint so, als ob Markt- und Konzerninteressen infolge eines guten Absatzes diese oder andere neue Methoden mit hoher Speicherdichte an ihrem Einsatz hindern.

Zum Nachweis der Verbesserung der magnetischen Kennwerte kann das Preisachdiagramm dienen [66.3]. Eine erste Zusammenstellung seiner umfassenden Messungen aller zugänglichen Bandtypen gibt Struska [68.2]

5.2.8. Zubehör

Mit der Weiterentwicklung der Magnetbänder wächst auch das Zubehör. Spätestens durch die Polyester-Bänder wird ein spezielles Klebeband notwendig [53.2]. Später genügt die anfängliche Klebeschiene nicht mehr, und auf dem Markt erscheint eine Klebepresse [61.10], [63.1]. Auch Spezialbänder für die Einstellung von Köpfen und Geräten entstehen [60.3], [62.3], [65.10] (siehe auch Abschn. 5.3.).

5.2.9. Tonfilm

Für den Tonfilm wurde das Magnetband schon um 1947 bei der DEFA eingesetzt [48.1] (siehe auch S. 37). Etwa 1948 erschienen, zunächst nur in den USA, die ersten Magnet- und Randspurfilme [48.2], um dann etwa 1950 auch in der DDR und Westdeutschland gefertigt zu werden [60.5]. Trotzdem blieb der Randspurtechnik noch einige Jahre breitere Verwendung versagt; lediglich die Magnetfilme wurden, vor allem aber wegen der leichten Aufzeichnung mehrerer Spuren, für die Stereophonie und zur Aufzeichnung im Atelier häufiger benutzt [59.4].

1953 wurde mit einem 35 mm breiten Magnetfilm erstmalig 6kanalige Stereophonie mit optischem Breitwandverfahren als „Cinerama“ der Öffentlichkeit vorgeführt [53.3]. Noch im selben Jahr erhielt der Kinonormalfilm an jeder Seite zwei Randspuren [54.3], und es entstand ein Verfahren, dem noch heute beim 35- und 70-mm-Film der Vorzug gegeben wird. Somit war auch der Weg für die randspurbeschichteten Schmalfilme frei gemacht [54.4]. 1956 wurde in Europa auch beim 8-mm-Film die Randspur üblich [56.2]. Im Fernsehbetrieb herrscht die Randspur bei 16-mm-Film vor [55.1].

5.2.10. Sonderbänder

Als Sonderbänder sei nur auf die Entwicklung des Datenbandes und Videobandes um 1958 [60.4] und in Europa um 1965/66 [65.11], [66.6], [67.5] hingewiesen. Das Band für die Meßwertspeicherung entwickelt sich durch die Raumfahrttechnik noch mehr in der Stille. Durch diese Anwendungen wird immer deutlicher das Magnetophonband zum Magnetband [67.6].

Für den robusten Betrieb bei der Werkzeugmaschinensteuerung wurde um 1962 ein spezielles Magnetband entwickelt [62.5].

Neben dem Magnetband seien hier noch die Magnetkarte [60.6], magnetische Schichten zum Aufkleben [60.12], [61.6] und der Druck mit magnetischer Farbe erwähnt [63.2], [66.7]. Mit diesen Prinzipien setzte zugleich die Entwicklung der Magnetschriften CMC-7 und E 13 B ein, die vor allem bei den Banken große Bedeutung erlangten [62.6], [63.3], [63.4], [64.2], [65.12]. 1966 weist die DIEBOLD-Statistik 200 installierte und 124 bestellte Magnetkontokartensysteme aus [66.8].

5.2.11. Nichtmagnetische Verfahren

Andere, nichtmagnetische Wege blieben bisher praktisch erfolglos. Sie haben offensichtlich nicht mehr die Chance, dem großen Erfahrungsschatz der magnetischen Bandspeicherung in ausreichend kurzer Frist mit hinreichendem Kapitaleinsatz und besseren technischen Parametern Konkurrenz zu machen.

So dürfte wohl die um 1959 gepriesene plastische Oberflächenverformung nicht mehr zur Diskussion stehen [64.1]. Ob dem ferroelektrischen Verfahren Erfolg beschieden sein dürfte, ist noch sehr zweifelhaft [62.4], [66.5].

5.3. Magnetköpfe

Um die Geschwindigkeit mindern zu können, mußten von Anbeginn der Entwicklung die Magnetfelder für Aufzeichnung und Wiedergabe konzentriert werden. Obwohl dieses Problem bereits POULSEN bekannt war, entstand zunächst keine brauchbare Lösung. Eine Änderung trat 1932 ein, als sich SCHÜLLER systematisch mit verschiedenen Kopfkonstruktionen beschäftigte und statt der gegenüberstehenden Schneiden einen Ringkopf empfahl [32.1]. Die feldkonzentrierten Eigenschaften wurden besonders deutlich in Verbindung mit dem neuen Band [35.1], [41.1]. Hierdurch konnte die Trägergeschwindigkeit sehr bald auf 72 cm/s vermindert werden.

Seitdem sind zwar noch viele kleine Änderungen eingetreten, doch des Prinzip des Ringkopfes von SCHÜLLER blieb nahezu unberührt. Die entscheidende theoretische Arbeit geht auf WESTMIJZE [54.5] zurück (1954).

Im Laufe der Zeit wurden die Spuren schmaler, die Spalte enger, der Wirkungsgrad höher, bessere Materialien kamen zur Anwendung, und die Mehrspurtechnik gewann an Bedeutung (vgl. Bd. 1 dieser Reihe). Die bisher bekannt gewordene maximale Anzahl von Spuren wurde 1965 zu 33 angegeben [65.14].

1949 wurde ein spezieller eisenloser Kopf für die Absolutmessung entwickelt [49.1]. Für Spezialkonstruktionen, wie den X-Feldkopf von CAMRAS, Köpfe für Zackenschrift, Köpfe mit speziellen Spiegelformen usw. sei ebenfalls auf Bd. 1 bzw. 6 dieser Reihe verwiesen.

Um 1953 begannen Versuche mit der Ablenkung von Elektronenstrahlen [53.4]. Sie wurden immer wieder versucht, blieben aber bis heute fast erfolglos (Bd. 1 dieser Reihe). Für die Anwendung wirkte sich ein wenig das Oberwellensondenprinzip aus. Es gewann ab etwa 1955 Bedeutung, hat sich jedoch bis heute nicht durchgesetzt [55.2], [66.13].

Mit großem Aufwand und keineswegs größerem Erfolg versuchte 1959 SIEMENS den Hallkopf einzuführen [59.5].

Die Ursache für die vorgenannten Mißerfolge dürften die ganz speziellen Einsatzmöglichkeiten der flußempfindlichen Köpfe sein, die dann sogar noch durch spezielle Modulationen beträchtliche Konkurrenz erhalten [66.13].

Um die Frequenztransponierung durch rotierende Köpfe hat sich 1955 SPRINGER verdient gemacht [55.3]. Erstmalig wird dieses Prinzip aber bereits 1949 erwähnt [49.2].

Heute ist offensichtlich die Grenze der Aufzeichnung durch Magnetköpfe abzusehen. Sie wird durch die Rauhigkeit des Materials und die Toleranzen des Transportwerkes in Verbindung mit dem Magnetband begrenzt [67.8]. Deswegen sind künftig neuartige Methoden mit höherer Speicherdichte zu erwarten. Sie sind hauptsächlich durch strahladressierte Speicher zu realisieren [67.9]. Dabei werden Strahlen (Elektronen oder Licht) für die Aufzeichnung und Wiedergabe verwendet. Hierbei hat die Magneto-Optik besondere Bedeutung. Erstmalig wurden derartige Effekte noch in Verbindung mit Magnetköpfen 1950 von FRIEND beschrieben [50.2]. Die erste direkte magneto-optische Wiedergabe beschreibt 1961 MIYATA [61.7]. Seitdem haben derartige Veröffentlichungen steil zugenommen (Anstieg III in Abb. 1).

Bei der Wiedergabe und Aufzeichnung hat es Bedeutung, die Spuren sichtbar zu machen. Hierzu entwickelte 1964 die 3 M-Kompanie ein Betrachtungsgerät [64.7].

Die Entwicklung der Magnetkopf-Produktion kann in Analogie zur Firma BOGEN abgeleitet werden [69.2]. Die Verdopplung der Produktion erfolgte danach jeweils in $2^1/_2$ Jahren. Bereits 1966 fertigte die Firma 2500 Köpfe je Tag [66.14]. Einen Überblick zu den konstruktions- und fertigungstechnischen Problemen gibt [63.10], [65.58].

5.4. Transportwerke

Die ersten Drahtgeräte bewegten den Informationsträger mit Antrieb der Aufwickelspule. Hierbei gab es natürlich Gleichlaufschwankungen, die allerdings bei der Sprache kaum störten. Mit der Einführung des Magnetbandes und der Ringköpfe entwickelten die Ingenieure der AEG zugleich ein neuartiges Transportwerk. Es enthält je einen Wickelmotor für die Auf- und Abwickelseite. Ein dritter Motor bewegt das Magnetband mittels des Friktionsantriebes mit konstanter Geschwindigkeit. Dieser Antrieb lag als hoch anzuerkennende Leistung um etwa 1935 vor [35.2], [37.1]. Er stellt noch heute die Grundlage für die meisten Geräte, insbesondere für Studiogeräte und Meßwertspeicher dar.

Beim Studiogerät entstanden erst um 1959 kleinere Änderungen durch eine mitlaufende Rolle gegen die Bandlängsschwankungen [59.6] und durch eine zusätzliche Schwungmasse bei der *M* 10 von Telefunken [60.9]. Die endgültige Weiterentwicklung dürfte bei der R 700 mit vier Motoren um 1965 erreicht sein [65.15].

Um etwa 1958 führte Ampex für die Meßwertspeicher die geschlossene Schleife ein [60.9].

Erste Methoden zur Stabilisierung des Bandzuges entstanden um etwa 1955. Ihre allgemeine Einführung erfolgte aber nach 1960 [59.7].

Eine wesentliche Vereinfachung der Transportwerke erbrachte die Heimtontechnik. Sie führte zum Einmotorenantrieb mit mechanischen Kupplungen zur Auf- und Abwicklung. Das international erste Gerät dieser Art war das BG 19 des VEB Funkwerkes Köpenick, welches auf der Herbstmesse 1950 erstmalig gezeigt wurde.

Die Dreitourenlaufwerke bei Plattenspielern (infolge der Langspielplatte) um 1952 [52.2] bewirkten auch bei der Heimtontechnik Lösungen mit dem indirekten Antrieb [55.6]. Die umschaltbare Geschwindigkeit wurde zu dieser Zeit jedoch noch direkt vom Motor mit Polumschaltung realisiert [56.4]. Der indirekte Antrieb erlaubte zunächst nur, kleinere und damit leichtere Motoren anzuwenden [56.5].

1957 tauchten dann die ersten Geräte mit mehr als zwei Geschwindigkeiten auf. Sie werden natürlich mechanisch umgeschaltet [57.4]. 1957/58 erfolgte der entscheidende Übergang von den Ein- zu den Zweigeschwindigkeitsgeräten. Ihre Produktionszahlen vervierfachen sich hier [59.10]. Gleichzeitig erscheint auch ein Gerät mit vier Geschwindigkeiten [57.5]. Diese Entwicklung befruchtet später ganz erheblich die Meßwertspeicherung [61.8].

Die Entwicklung der transportablen Magnetbandgeräte mit Batteriebetrieb begann für Reportagen des Rundfunks bereits um 1950. 1959 kann Meier neun Reportagegeräte in einer Tabelle zusammenfassen [59.8]. Gleichzeitig weist er in dieser Arbeit auf die besonderen Eigenschaften des Kleinmotors hin, die hier eine entscheidende Problematik darstellen.

Erste transportable Heimtongeräte tauchen dagegen erst um 1961 auf [61.4]. Sehr bald treten auch Erleichterungen durch den Transistor auf.

Werden Bandgeräte in Betrieb bewegt, so treten Gleichlauffehler durch die Trägheit der Schwungmassen auf. Dieser Fehler wird ab etwa 1965 durch zwei gegenläufige Schwungmassen unterdrückt [65.27].

1963 wird der HF-geregelte Motor [63.6] und 1965 der kollektorlose Motor [65.16], [65.18] eingeführt.

Die Kassettentechnik begann um 1963 durch PHILIPS ihren Einzug zu halten [63.7]. Nach 1965 versuchte GRUNDIG unter Verkennen der objektiven Entwicklung eine neue Kassette einzuführen [65.19], muß sie jedoch 1967 wieder zurückziehen.

Zu den transportablen Geräten kommt um 1964 noch das extrem kleine elektronische Notizbuch für Sprache [64.6], [65.20]. 1969 wird sogar ein Miniaturgerät für Stereo angeboten [69.8].

Neben diesem traditionellen Weg der Magnetbandgeräte mit einfachem Friktionsantrieb gibt es noch etliche Nebenwege, die teils andere Informationsträger und teils andere Bewegungstechniken benutzen. Sie sind einfach aus den Forderungen verschiedener Gebiete der Technik entstanden. Sie sollten daher auch dort behandelt werden. Hinweise auf feinwerktechnische Probleme und deren Weiterentwicklung gibt [68.5]. Ein besonders stark abweichender Antrieb erfolgt quasielastisch [66.15].

5.5. Schallaufzeichnung

5.5.1. Linearisierung der Kennlinie

Die Schallaufzeichnung auf magnetisierbarem Material wird durch die Nichtlinearität und Mehrdeutigkeit der Remanenzkurve erschwert. Die ersten Versuche von Poulsen wurden mit entmagnetisiertem Material ausgeführt, und durch den stark gekrümmten Verlauf der zugehörigen Remanenzkennlinie ergeben sich große nichtlineare Verzerrungen und geringe Empfindlichkeit. Mit einer bestimmten Gleichfeldvormagnetisierung konnten später wesentlich bessere Ergebnisse erzielt werden, jedoch machten sich dafür die Inhomogenitäten des Drahtes und später des Bandes durch Rauschen störend bemerkbar. Durch Zufall fanden Braunmühl und Weber 1940 einen idealen Kompromiß, der gute Verzerrungsfreiheit und großen Störabstand ergab. Hierbei wird dem aufzuzeichnenden Signal ein Hochfrequenzstrom überlagert. Mit dieser Maßnahme übertraf die magnetische Schallaufzeichnung sofort die Qualität aller anderen Verfahren. Es ist interessant, daß trotz der großen Bedeutung der Hochfrequenzvormagnetisierung bis heute noch keine umfassende Theorie vorhanden ist.

Unabhängig von Braunmühl und Weber und etwa gleichzeitig erschien eine japanische Patentanmeldung gleichen Inhalts. Außerdem existieren noch zwei ältere Patente (1921 und 1932), in denen eine höhere Frequenz zusätzlich zur Verbesserung der magnetischen Aufzeichnung benutzt werden soll. Offensichtlich haben jedoch diese Untersuchungen keinen Einfluß auf die technische Weiterentwicklung ausüben können.

5.5.2. Rundfunkstudiotechnik

Die Entdeckung von Braunmühl und Weber trug dazu bei, daß bereits vor 1945 in Deutschland etwa 90% der Sendezeit von Magnetbandaufzeichnungen bestritten wurde. Nach Kriegsende wurde der Entwicklungsstand überall bekannt und angewendet. Zur Erleichterung des internationalen Bandaustausches wurde die Geschwindigkeit 76,2 cm/s genormt.

Als 1950 der UKW-Rundfunk entstand, stiegen die Forderungen weiter, und die Magnetbandtechnik erfüllte sie.

Einige Jahre später erfolgt der Übergang zur Geschwindigkeit von 38,1 cm/s, und zugleich erreicht die Studiotechnik etwa ihre Standardwerte. Prinzipiell könnte heute 19,05 cm/s eingeführt werden, doch hierbei dürfte die im Rundfunkbetrieb so notwendige Cuttertechnik zu schwierig sein.

Einen letzten ergänzenden Schritt geht die Magnetbandtechnik im Studio 1963 mit dem Übergang zur Stereotechnik [54.6], [58.2], [59.9], [63.11].

Seit einigen Jahren ist auch die gesamte Studiotechnik auf Transistoren umgestellt. Hierdurch werden nicht nur die Reportergeräte (siehe auch Abschn. 4) leichter und kleiner, sondern auch die Studiogeräte. Eines der progressivsten Studiogeräte dürfte z. Z. die R 700 sein [65.15]. Es ist vollkommen kontaktlos aufgebaut. Auch die Motoren sind ohne Kollektor elektronisch geregelt. Ein hoher Gleichlauf wird durch zwei Antriebsmotoren, je einer vor und nach den Köpfen, garantiert. Ein angepaßtes neues Reportergerät liegt bereits 1962 vor [62.13].

Als wesentliche Zusatzgeräte für die Studiotechnik entstanden unter anderem im Laufe der Zeit folgende Geräte: zum Auffinden beliebiger Stellen auf dem Magnetband [48.3]; zum Verändern der Tonhöhe und/oder Laufzeit [49.2], [55.3]; für Pausezeichen [49.5]; blutlose Cuttermaschine [56.6]; künstlichen Nachhall [62.14] und Kassettenspieler für Dauerbetrieb der Sender [65.23]. Nach einer Notiz des Bayerischen Rundfunks verfügt er 1966 über 160000 Tonbänder im Archiv [66.17].

Die letzte Entwicklung der Magnetbandstudiotechnik zeigt, daß sie ihre Grenze erreicht hat. Lag zu Beginn ihrer Einführung die Qualität weit über den Parametern von Mikrophonen, Lautsprechern und Verstärkern, so bedingt heute die Magnetbandtechnik meist die erreichbare technische Grenze. Es wird deshalb allgemein nach Auswegen gesucht. Nach Meinung verschiedener Fachleute wird die Qualität nur mit einer speziellen Codierung oder Modulation zu verbessern sein. Viele Versuche mit Dynamikregelungen sind bereits gescheitert. Ein Beispiel ist das Nois-Ex-Verfahren [65.21]. Solche Verfahren dürften meist schon aus rein theoretischen Gründen ausscheiden. Etwas günstiger ist schon die Kompressortechnik mit Pulsdauermodulation [68.6]. Prinzipiell ist nur ein Austausch von Bandbreite gegen Dynamik sinnvoll [67.10].

5.5.3. Tonfilm

Für den Tonfilm bringt die Magnetspeichertechnik vor allem den Vorteil, daß der Entwicklungsprozeß fortfällt und eine unmittelbare Kontrolle bei der Aufzeichnung möglich ist. Trotz noch zusätzlicher Qualitätssteigerung konnte sie nur langsam Eingang finden, da der Tonfilm die synchrone Wiedergabe benötigt. Als erster Filmhersteller benutzte die DEFA 1947 das Magnettonverfahren für die Aufnahmen des Spielfilms „Wozzeck"; lediglich die Theaterkopien wurden, um Schwierigkeiten bei der Vorführung zu vermeiden, noch mit Lichtton hergestellt [48.1] (siehe auch 5.2.9).

Die Randspurtechnik hielt trotz erster Versuche 1950 seit 1954 mit der Breitwandtechnik ihren Einzug [53.3], [54.3]. Der Magnetfilm mit voller Breite der Magnetschicht setzte sich bereits einige Jahre früher durch und hat wegen der Schwächen des Magnetbandes bei vielen Spuren heute noch in vielen Studios große Bedeutung. Zum Teil wird er allerdings durch breite Magnetbänder verdrängt. Während beim Magnetfilm die Synchronisation durch die Perforation gegeben ist, benötigen die Magnetbänder dann eine Synchronisationsspur [60.5]. Da die Pilotspur enge Toleranzforderungen zu erfüllen hat, entstanden im Laufe der Zeit mehrere Prinzipien [64.9], [66.18]. 1965 wird ein Rückblick über 15 Jahre Magnetfilm gegeben [65.24].

5.5.4. Fernsehtontechnik

Für das Fernsehen erfolgte die Entwicklung ganz analog zum Tonfilm. Trotz der internationalen Einigung für die optische Aufzeichnung auf den 16-mm-Film existieren heute zur Tonaufzeichnung drei etwa gleichberechtigte Verfahren zur Synchronisation bei der Aufzeichnung: der 16 mm breite perforierte Film, die Magnetbandaufzeichnung mit transversaler Pilotspur und, für kurze Szenen, Geräusche und dgl., die nicht synchronisierte Aufzeichnung.

Bei der Sendung herrscht eindeutig die magnetische Randspur vor [55.1]. Die Entwicklung beim Farbfernsehen ist noch im Fluß.

5.5.5. Schallplattentechnik

Die Erstaufzeichnungen für die Schallplattenherstellung wurden ab 1950 etwa gleichartig wie bei den Rundfunkanstalten mit der Magnetspeichertechnik durchgeführt. Während zunächst nur die bessere Technik entscheidend war, wurde bald das Magnetbandgerät vor allem für die RHEINsche Füllschrift unentbehrlich [54.7]. Für die Stereotechnik überwiegt heute das breite Magnetband. Die Probleme der Überspieltechnik behandelt REDLICH [63.15].

5.5.6. Heimtontechnik

Für den Amateur bestand schon immer Interesse (ähnlich wie beim Film), eigene Schallaufnahmen zu machen. Die Schallplatte war hierfür viel zu schwierig zu handhaben. So ist es verständlich, daß es seit Beginn der Entwicklung der magnetischen Schallaufzeichnung nie an Versuchen gefehlt hat, sie auch für Amateurzwecke nutzbar zu machen.

Bereits 1950 entstanden die ersten Vereinigungen für Tonbandamateure, die jetzt regelmäßig internationale Wettbewerbe austragen [60.10], [61.9].

Für die Amateure waren aber auch die für den Rundfunk entwickelten Magnetbandgeräte zu teuer, und es mußten zweckmäßige Vereinfachungen gefunden werden.

Entwicklung in der DDR

Abgesehen von einzelnen, wenig erfolgreichen Versuchen [48.4], [49.6] muß als das erste Heimtongerät das „BG 19" des VEB Funkwerk Köpenick angesehen werden. Es wurde erstmalig auf der Leipziger Herbstmesse 1950 gezeigt, und danach nahm die Produktion ähnlicher Geräte immer größeren Umfang an. 1953 wurden in der DDR bereits 37000 Geräte hergestellt, und in den folgenden Jahren nahm die Produktion gewaltig zu, wobei gleichzeitig ein gewisser technischer Abschluß erreicht wurde. Hauptsächlich ging der Trend in Richtung zu dünnen Bändern mit gesteigerter Höhenempfindlichkeit und besserem Störabstand. 1956 produzierten in der DDR 9 Firmen 9 Geräte, davon 6 für Heimtonzwecke. Sie besaßen überwiegend die Geschwindigkeit 19,1 cm/s. Ausnahmen machten nur 2 Studio- und 1 Diktiergerät [56.7]. 1965 weist der VEB Meßgerätewerk Zwönitz 7 Geräte, davon 3 für 9,5 und 4 für 9,5 und 5 cm/s aus. Darunter befindet sich auch ein Batteriegerät für 4-Spur-Technik [64.10]. Außerdem existieren zu diesem Zeitpunkt noch zwei weitere Heimton- und mehrere Typen von Studiogeräten in der Produktion.

Ökonomische Entwicklung

Aus Japan ist bekannt, daß SONY 1948 mit der Tonbandgeräteproduktion begann und 1965 damit ein Drittel seiner Produktion füllt [65.26]. Abb. 2 zeigt

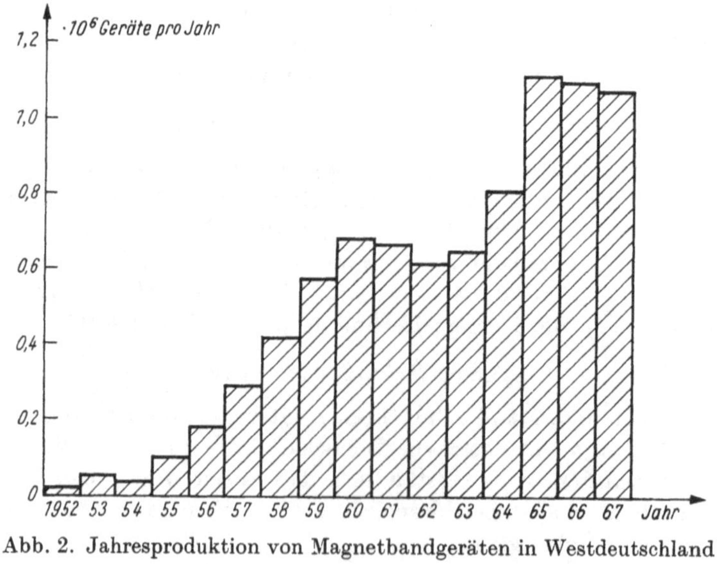

Abb. 2. Jahresproduktion von Magnetbandgeräten in Westdeutschland

die Steigerung der Gerätezahl in Westdeutschland [65.24]. In Japan wurden vergleichsweise 1961 gleich 890000 und 1962 gleich 1,35 Millionen Bandgeräte produziert [63.13]. Bereits 1963 konnte sich eine Firma rühmen, eine Million mal die gleiche Gerätekonstruktion verwendet zu haben [63.12]. In Westdeutschland wurde die Millionengrenze der jährlichen Produktion 1965 überschritten [67.11], wobei regelmäßig etwa 50% exportiert werden. Die Steigerungsrate der Produktion liegt 1965/66 mit 20,2% an zweiter Stelle in Westdeutschland. Nur die Datenverarbeitung hat einen noch größeren Satz mit 41,3%. Der absolute Produktionswert liegt bei 360 Millionen Mark, das sind 3% der gesamten Elektronikproduktion [67.12]. 1966 wird geschätzt, daß etwa 2 Millionen Geräte in Westdeutschland in Betrieb sind, das entspricht theoretisch einer Sättigung von 10% der Haushalte. Da aber viele Amateure zugleich mehrere Geräte benutzen und auch Geräte für die Schule und den Beruf verwendet werden, dürfte eine Sättigung von 5 bis 6% real sein [66.20]. Interessant ist in diesem Zusammenhang die kritische Einschätzung über die geringe Benutzung der meisten Geräte und deren Gründe. Andererseits besitzen viele

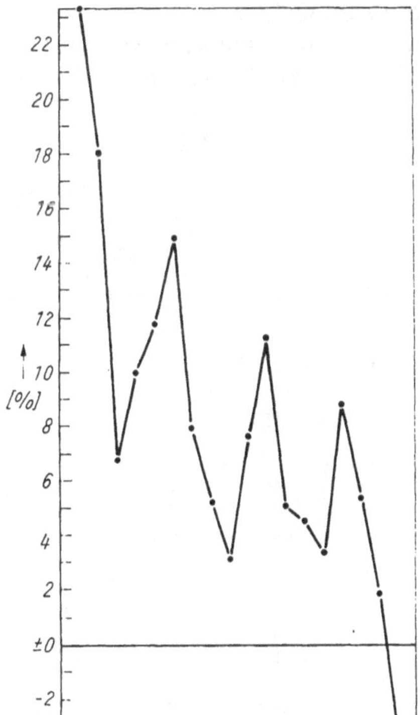

Abb. 3. Jährliche Wachstumsraten der Industrieproduktion in Westdeutschland

Amateure Archive von über 100 Bändern [63.13]. Als Ergänzung zu Abb. 2 zeigt noch Abb. 3 die jährliche Wachstumsrate der gesamten Industrie in Westdeutschland [69.13].

Entwicklung der Technik

1952 erschien das erste Magnetbandgerät der heutigen Form von GRUNDIG „Reporter 500 L" [52.3]. Die ersten darauf folgenden Entwicklungsstufen sind in Abschn. 5.6.1 beschrieben.

In Konkurrenz mit der Einführung der Stereoplatte (1958) erschienen umgehend die entsprechenden Bandgeräte [58.3]. 1957 konnte mit dem Telefunkengerät „KL 65 S" die Geschwindigkeit 4,75 cm/s für Musikaufnahmen genutzt werden [57.6], [58.4]. Im selben Jahr wurde auch erstmalig 2,4 cm/s für die Sprachaufzeichnung verwendet [57.5]. 1959 entstand die Viertelspurtechnik [59.3], und GRUNDIG brachte, wenn von dem „Minifon" [54.8] abgesehen wird, das erste transportable Batteriegerät für den privaten Gebrauch heraus [59.11].

1960 wurde erstmalig ein automatisches Magnettongerät vorgestellt [62.17].

Die Transistortechnik hielt etwa 1962 ihren Einzug, und zwar gleichermaßen für Netz- und Batteriegeräte [62.15], [62.16]. Das erste flache Tonbandgerät zeigt TELEFUNKEN 1963 [63.7].

Einen Überblick über den Anteil unterschiedlicher Gerätetypen für den Zeitraum von 1955 bis 1966 gibt Tab. 1. Aus ihr geht hervor, daß der Anteil der

Tabelle 1

Zusammenstellung der Häufigkeiten westdeutscher Bandgeräte

Jahr	1955	1961	1965	1965	1966
Literatur	[55.6]	[61.11]	[64.11]	[65.25]	[66.19]
Firmenzahl	6		6	10	11
Gerätezahl	10	100*)	48	57	69
Netzbetrieb	10	90	41	57	61
Batteriebetrieb		10	18	?	17
Stereogeräte		45	17	25	30
2-Spurtechnik	10	45	28(2)		45(9)
4-Spurtechnik		55(20)	20(15)		24(21)
9 cm/s	7	35	19 (13/3/0/3)	17 (2)	15 (8/6/0/1)
5 u. 9 cm/s	1	15	10 (8/0/0/2)	13 (4)	13 (6/2/0/5)
9 u. 19 cm/s	2	25	3 (1/0/0/2)	8 (6)	15 (2/0/6/7)
5 u. 9 u. 19 cm/s		20	13 (2/1/3/7)	14 (3)	12 (1/0/4/7)
3 Köpfe		10	5		13

*) Aufstellung mit ausländischen Zahlen. In Klammern bedeuten den Stereoanteil. Befinden sich 4 Zahlen in der Klammer, so gilt die Reihenfolge 2 Spur Mono, 4 Spur Mono, 2 Spur Stereo, 4 Spur Stereo.

Netzgeräte auf 80% absinkt und der der Batteriegeräte auf 30% ansteigt. Der Stereogeräteanteil liegt bei etwa 50%, während nach 1961 die Zweispurtechnik wieder schwach zunimmt und etwa $^2/_3$ für sich beansprucht. Geräte mit nur einer Geschwindigkeit existieren für 9,5 cm/s, davon sind 55% für 2-Spur-Monobetrieb eingerichtet. Bei 5 und 9 cm/s sind 45% auf 2-Spur-Mono und 30% auf 4-Spur-Stereo ausgelegt. Bei 9 und 19 cm/s überwiegt die 4-Spur-Technik mit 40% Stereo- und 35% Monogeräten. Die Geräte für drei Geschwindigkeiten schließlich enthalten fast nur Stereo, 60% für 4-Spur- und 30% für 2-Spur-Technik.

Ab 1968 ist ein solcher Standard erreicht, daß sich eine hochwertige Klasse von Geräten deutlich herausgebildet hat. Sie wird mit dem Begriff Hi-Fi (High Fidelity) belegt. Da mit diesem Begriff jedoch Mißbrauch getrieben wird, erfolgt eine Normung der Mindestanforderungen [68.7].

Der Stand der heutigen Technik liegt bei 19 cm/s und Halbspurtechnik für die vorgenannten höchsten Ansprüche. Die Geschwindigkeit 9,5 cm/s und Viertelspurtechnik hat sich als Standard für gute Musikqualität herausgebildet. 4,75 cm/s und Viertelspurtechnik wird hauptsächlich für Sprache angewendet. Die Viertelspurtechnik hat neben der Bandeinsparung für den Amateur die großen Vorteile der Multiplaybachtechnik (vgl. S. 78). Durch Kombination der beiden Spuren in Aufnahme und Wiedergabe lassen sich alle Möglichkeiten des Studios nachgestalten. Aus diesem Grunde hat auch die Viertelspurtechnik bei 19 cm/s Bedeutung. Für die mittlere Qualität hat auch das automatische Magnetbandgerät eine gewisse Bedeutung erlangt.

Kassettentechnik und Kuriositäten

Die Vorteile der Schallplatte mit den Vorteilen des Magnetbandes zu verbinden, versuchte von je her die Kassettentechnik [65.6]. Mit nachhaltigem Erfolg wurde sie 1963 von PHILIPS eingeführt [63.7]. Der große Anstieg 1965 in Abb. 2 wird im wesentlichen durch diese neue Kassettentechnik erbracht. Zu diesem Zeitpunkt hatten sich der PHILIPS-Compact-Kassette bereits viele Firmen angeschlossen. PHILIPS konnte den Verkauf des millionsten Gerätes melden [65.4], und 1966 erfolgte der Übergang zur Stereotechnik [65.29]. In Verkennung der Gegebenheiten versuchte GRUNDIG nach 1965 eine andere Kassette „DC-International" einzuführen [65.30]. Aber bereits 1967 muß GRUNDIG hiervon zurückgehen, da 63 Firmen der Welt die Compact-Kassette übernommen haben [67.2].

Mit der Kassettentechnik werden auch immer mehr tragbare Kombinationsgeräte (Rundfunk-Bandgerät) üblich [64.12], [66.21]. Nichttragbare Vorläufer dieser Art produzierte die österreichische Firma STUSSI seit etwa 1958 [63.14]. 1964 wurde sogar ein Rundfunkgerät mit Plattenspieler und Bandgerät kombiniert [64.20].

Als Kuriositäten seien das Stereo-Magnettongerät mit Kopierzusatz und das Gerät Musik-Center erwähnt. Um nicht zwei Geräte für vielfältige Amateurzwecke zu benutzen, werden im ersten Fall zusätzliche Wickeleinrichtungen und Verstärker an das Gerät mit drei Köpfen angebaut [64.13]. Das zweite Gerät ist mit einem Rundfunkempfänger zusammengebaut und besitzt ein Magnetband von 150 m Länge und 10 cm Breite. Es wird nicht mehr ausgewechselt, da es 45 Stunden speichern kann. Hierzu existieren 126 Spuren mit je 22 Minuten Aufnahmezeit [65.32].

Schallplatten- und Magnetbandtechnik

Den ersten Vergleich zwischen Platte und Band gab 1952 Trampert [52.2]. Nach einigen Schwankungen besteht ab etwa 1960 zwischen beiden Techniken ein stabiles Gleichgewicht [59.13], [60.13], [60.14], [65.28]. Dies hat zwei Gründe. Einmal kann bei der Platte sehr leicht jede beliebige Stelle wiedergegeben werden, und zum andern ist die Vervielfältigung von Bandaufzeichnungen vergleichsweise viel kostspieliger. Die zunächst wichtig erscheinende Kontaktkopie im Hochfrequenzfeld hat offensichtlich an Bedeutung verloren [50.3]. Dagegen wurden für das gleichzeitige Umzeichnen mit mehreren Geräten und bei erhöhter Geschwindigkeit aufwendige Apparaturen gebaut [57.7], und selbst Sondereinrichtungen für automatische Kontrolle sind entstanden [56.8]. Durch die Kassettentechnik wird der Vergleich zur Schallplatte erneut aktuell. Vor allem im Auto besitzt die Kassette erhebliche Vorteile [65.31]. Schwierigkeiten bereitet jedoch immer mehr die Vervielfältigung [65.7], [67.13].

5.5.7. Bürotechnik

Viele Geräte der üblichen Heimtontechnik sind auch im Büro zum Diktat und Telefondiktat einsetzbar. So haben sich heute schon ganze Schreibzentralen herausgebildet. Das eigentliche Diktiergerät weicht in der Regel jedoch bezüglich seiner technischen Ausrüstung vom Heimtongerät ab. Es muß u. a. fernsteuerbar sein und möglichst auch nach dem Stoppen einen kurzen Teil des Satzes automatisch wiederholen. Ferner sollte der Informationsträger auch leicht mit der Post versendbar sein. So kommt es, daß neben dem Magnetband sich auch viele andere Informationsträger gehalten haben und entstanden sind [55.7]. Selbst der Magnetdraht hat hier immer noch eine gewisse Bedeutung.

Das erste von der Drahttechnik abweichende Diktiergerät dürfte das seit 1949 von der Firma ASSMANN hergestellte „Dimafon“ sein [49.3], [49.4]. Es arbeitet mit Magnetplatten und Rillenführung. Diese Technik hat besonders für die Satzwiederholung nach dem Stoppen praktische Vorteile. Es ist daher nicht verwunderlich, daß sehr bald andere Firmen ähnliche Techniken anwendeten. 1957 haben neben dem ASSMANN-Gerät vor allem das Foliengerät „Stenomatic“ und Bandgeräte die größte Bedeutung [58.5]. Einen Überblick zur Folientechnik gibt Christian 1966 [66.22].

1964 erscheint in Japan das erste Gerät, welches sich automatisch beim Besprechen ein- und ausschaltet [64.14]. Ein Jahr später bietet TELEFUNKEN eine faltbare Magnetfolie an, die in normalen Briefumschlägen (C 6) versandt werden kann [65.33]. Hierdurch gelangt die Magnetbandaufzeichnung langsam zu einer Ergänzung der normalen Briefpost [65.39]. 1967 erscheint ein interessantes Gerät „rols“. Es zeichnet auf einer Papiermagnetrolle zeilenweise auf. Jedes Diktat kann dann abgerissen und dem jeweiligen Vorgang zugeordnet werden [67.14].

Interessant ist, daß die Diktiergeräteproduktion in Westdeutschland seit Jahren bei etwa 130000 Geräten liegt, von denen über die Hälfte exportiert werden [65.28], [68.8].

Eng verbunden mit der Diktiertechnik ist von Beginn an die Kopplung mit dem Telefon. Größere Bedeutung erlangten so automatische Telefonanrufbeantworter ab 1962 [62.18], [63.16]. Ab 1965 dürfen diese Geräte nur noch mit Genehmigung galvanisch angeschlossen werden [65.35]. Ein modernes Gerät ist in [65.36] und eine komplette Telefondiktieranlage in [65.37] beschrieben. Eine automatische Wähleinrichtung, bei der 1000 Fernsprechnummern magnetisch gespeichert sind, liefert eine schwedische Firma [66.23].

5.5.8. Elektronische Notizbücher

Mit der Diktiertechnik hat sich eine weitere Richtung der Schallspeichergeräte, nämlich die der elektronischen Notizbücher, entwickelt. Durch die hohe Speicherdichte und Halbleiterelektronik ließen sich schließlich so kleine Geräte bauen, daß sie jederzeit in einer Rocktasche mitzunehmen sind. Das erste Gerät dieser Art ist das GRUNDIG EN 3. Es wiegt nur 385 g und wird etwa 1964 angeboten [64.6], [65.20]. Ähnliche Geräte zeigt zur gleichen Zeit auch Japan. Sie sind jedoch etwas größer und schwerer [64.15]. 1966 erhält das EN 3 als erstes Konsumgütergerät einen Festkörperschaltkreis [66.24]. 1967 wird das noch kleinere EN 7 produziert. Es hat nur noch $10 \times 6 \times 2{,}5\ cm^3$ bei 280 g. Die Kassette ist $5{,}4 \times 3{,}8 \times 0{,}8\ cm^3$ groß, wiegt 7 g und gestattet Aufnahmen von 2×10 Minuten Dauer [67.15]. Zwei weitere Geräte sind in [67.16] beschrieben. Schließlich sei noch ein Miniaturstereogerät erwähnt [69.8].

5.5.9. Schmalfilmtechnik

Als die Heimtontechnik und die magnetische Tonfilmtechnik einen gewissen Stand erreicht hatten, wurde es auch für den Schmalfilmamateur möglich, seine Filme zu vertonen. Die ersten Versuche zur Zweibandtechnik, also Synchronisation von Film und Magnettongerät, erfolgten 1953 [53.5]. Größere Bedeutung erlangte dieser Weg jedoch erst 1956 [56.9]. Zur selben Zeit wurde auch erstmalig die Randspur des 8-mm-Filmes versucht [56.2]. 1959 erreichte die Randspurtechnik durch Einkleben eines 0,8 mm breiten Magnetbandstreifens eine beachtliche Qualität, die heute noch als Standard gilt [59,14], [62.19]. Inzwischen sind noch mehrere Techniken der Zweibandvertonung entstanden. Sie haben unterschiedliche Eigenschaften und Qualitäten und behaupten sich etwa gleichberechtigt neben der Randspur [60.15], [61.12], [62.20], [62.21], [64.16], [64.17].

5.5.10. Akustische Sonderanwendungen

Neben den genannten Hauptzweigen bildeten sich im Laufe der Zeit viele akustische Sonderanwendungen heraus. Sie alle aufzuzählen ist hier kaum möglich. Daher sollen nur einige wichtige bzw. interessante Beispiele herausgegriffen werden.

Im größeren Umfang wird das Magnetbandgerät heute in der Pädagogik für Fremdsprachenunterricht, zur Gestaltung von Schulstunden für das programmierte Lehren und Lernen sowie für vieles andere eingesetzt [62.22], [64.17], [65.38].

Große Bedeutung haben auch Tonbandgeräte für Blinde [52.4], [60.16]. Eine der größten Tonbandbibliotheken ist in Leipzig. Ab 1968 werden dort jährlich etwa 335000 Bänder verliehen. Der Roman ,,Krieg und Frieden" von Tolstoi hat 74 Stunden Dauer und benötigt 37 Bänder. Weiterhin gibt es in der DDR 4 Tonbandzeitschriften mit 1008 Abonnenten (vgl. auch [65.40]).

Eine andere Richtung ist die automatische Ansage der Zeit, des Wetterberichtes usw. Sie führte zur Entwicklung von speziellen Ansagespeichern mit Band, Folie und anderen Trägern. Auch für Reklame und Diebstahlsicherung werden sie eingesetzt [51.1], [51.2], [55.8], [56.10], [56.11], [57.8], [65.39].

Die gute Haltbarkeit der Magnetbandaufzeichnungen macht sie auch anwendbar für historische Aufzeichnungen. So wurde bereits 1955 die gesamte Außenministerkonferenz auf Tonband aufgenommen [55.9]. Bedeutsam ist sicher auch die Archivierung von Mundarten [61.13], [64.18].

Im ähnlichen Sinne erhält die Sprache Dokumentencharakter für die Kontrolle des Zugablaufes bei der Reichsbahn und dem Flugdienst. Verbesserte Spezialbandgeräte mit vielen Spuren, hoher Betriebssicherheit, langer Speicherzeit und im Dauerbetrieb gestatten die Rekonstruktion von Unfällen vorausgegangener Abläufe [52.4], [53.6], [57.9], [61.14], [66.25].

Schließlich seien noch einige Sonderanwendungen erwähnt; die Erzeugung von künstlichem Nachhall [56.12], echofreie Versorgung akustisch schwieriger Räume [54.9] und ein Gerät zur Erzeugung verschiedenartigster Geräusche [66.26]. Natürlich hat das Magnetbandgerät auch für die Schallmeßtechnik erhebliche Vorteile [53.7], [65.41].

5.5.11. Einsatz in der Musik

Von Beginn an hatte die Magnetspeichertechnik auch erhebliche Vorteile für die Musik. Hierdurch hat der Künstler doch die Möglichkeit, sich selbst laufend zu überwachen. Es wurde im Laufe der Zeit aber auch das Magnetband selbst in den Schaffensprozeß einbezogen. So wird es unter anderem direkt für die Klangbildung und Komposition eingesetzt [60.17]. Hierbei werden z. B. kleine Tonbandabschnitte mit speziellen Geräuschen und Klängen nach- und übereinander aufgeklebt, oder die Änderung der Bandgeschwindigkeit wird zur Erzeugung nicht gekannter Klangeffekte benutzt. In anderen Fällen wird das Magnetband nur dazu verwendet, Klangbilder festzuhalten, für die die Notenschrift ungeeignet ist [55.10], [55.11]. Es ist damit zum Kunstgegenstand geworden. Der Einsatz solcher Technik wird auch von KLEIN beschrieben [62.23]. Erstmalig benutzte wohl JEAN ETIENNE MARIT bei seiner Komposition „Tanaische Bilder" (Uraufführung 12. 11. 61) das Magnetbandgerät sogar als Orchesterinstrument. Eine vorproduzierte zweikanalige Aufnahme mit Geräuschen und Klängen „ersetzt" hier das übliche Orchester, während die Instrumentalmusiker (in drei Gruppen geteilt) und ein Sprecher als Solisten wirken. Solche Methoden sind heute wenig gebräuchlich. Wie groß allerdings ihre künstlerische Bedeutung wird, bleibt abzuwarten. Natürlich wird heute das Magnetband in der Bühnenpraxis für Oper und Schauspiel sehr vielfältig eingesetzt.

5.5.12. Juristische Folgen

Die dargestellte Entwicklung der Magnetspeichertechnik ermöglicht heute jedem, zu jeder Zeit und an jedem Ort Bandaufzeichnungen durchzuführen. In der sozialistischen Gesellschaft wurde dieses Problem relativ konfliktlos gelöst. Der erste Band dieser Reihe zeigt dazu die gesetzlichen Regelungen. Ältere Arbeiten sind [61.15], [62.24].

Während lange Zeit die Sicherheit (Urkundencharakter usw., vgl. Bd. 1 dieser Reihe) stark umstritten war, ist sie durch die Arbeiten von KORISTKA zumindest für die DDR auch jetzt gesetzlich geregelt [66.12]. Die technische Sicherheit wurde schon früher unter extremen Bedingungen nachgewiesen [56.13].

Ganz anders verlief der Weg natürlich im kapitalistischen Wirtschaftssystem. Symptomatisch ist z. B., daß sich TELEFUNKEN die Bezeichnung „Magnetophon" als Warenzeichen hat schützen [58.6] und verlängern lassen [62.25]. Noch bedenklicher ist jedoch der Aufwand, den die Schallplattenindustrie und die „Gema" als Interessenvertretungen der Künstler betrieben. Wurden 1950 nur alle Hersteller und Händler von Magnettongeräten und Zubehör durch ein Rundschreiben vor den Folgen gewarnt, so erschien 1952 eigens zu diesem Zweck ein Buch [52.5], und wenig später folgten die ersten Grundsatzurteile [55.12], [61.16]. Dieser Streit nimmt dann immer stärkere Formen an [62.26], [62.27]. 1965 entsteht endlich ein Gesetz [65.42], zu dem dann sogar die westdeutsche gesetzgebende Körperschaft Stellung nehmen muß [65.43]. Obwohl dieses Gesetz ab 1. 1. 66 gelten soll, gibt es auch nach 1966 noch keine Einigung, wie hoch der Prozentsatz je Gerät sein soll [66.27]. Unklar ist in Westdeutschland offensichtlich auch noch, wie die Magnetbandaufzeichnung vor Gericht gehandhabt werden soll [55.13], [62.28], [64.19].

5.6. Anwendung in der Meßtechnik

Den Magnetbandgeräten zur Schallaufzeichnung stehen die meisten Geräte der Meßtechnik (Instrumentation) besonders nahe. Hierfür bieten sie den Vorteil, daß Messung und Auswertung zeitlich und örtlich getrennt erfolgen können.

Auch die Änderung der Geschwindigkeit und damit die Transponierung der Frequenzen in einen günstigen Bereich sind neben vielen anderen Spezialeigenschaften von großer Bedeutung.

Erstmalig benutzte wohl WEBER die Transponierung, als er 1950 Infraschallschwingungen langsam aufzeichnete und anschließend so schnell wiedergab, daß ihre Analyse mit den üblichen akustischen Geräten erfolgen konnte [50.4].

Die erste eigentliche meßtechnische Anwendung führte ETZOLD durch [53.7]. Er verbesserte 1952 ein Bandgerät so weit, daß aufgezeichnete Schalldrücke später vom Band aus meßtechnisch ausgewertet werden konnten.

Bald gelingt es auch, durch Anwendung spezieller Modulationen tiefe Frequenzen zu speichern, wie sie z. B. bei seismischen oder elektrophysiologischen Untersuchungen auftreten [52.6], [55.14].

Den von WEBER eingeschlagenen Weg, der vor allem bei der Schwingungsmeßtechnik Bedeutung hat, benutzt TELEFUNKEN 1957 für die Konstruktion eines Spezialgerätes [57.10]. Als neues Problem trat dabei jedoch die phasenreine Entzerrung des Frequenzganges auf [59.15].

Durch die Entwicklung besserer Köpfe und Bänder war es bald kein Problem, die Frequenzgrenze wesentlich zu erhöhen [58.7]. Es konnten bald sogar Radarbilder gespeichert werden [57.11].

Die Entwicklung der Meßwertspeicherung ging besonders schnell voran, und sie stellte bald einen beachtlichen Teil der Instrumentation (Geräteausrüstung) dar. Ihr Stand wurde aber aus militärischen Gründen geheim gehalten. Eine Lockerung trat erst nach 1959 durch den sowjetischen Vorsprung in der Raumfahrt auf. So erschien 1961 ein erstes zusammenfassendes Werk [61.17]. Inzwischen hatten sich verschiedene Standards herausgebildet. Ein Meßwertspeicher hat meist mehrere Geschwindigkeiten und Modulationsverfahren [59.17], [61.18], [63.19], [63.25], [64.33].

Die Bedeutung der Meßwertspeicherung ist für Flugkörper und die Weltraumfahrt von Anbeginn beträchtlich [61.19], [61.20], [63.18]. Bereits 1964 konnte offiziell bestätigt werden, daß hierdurch schneller Unfälle aufzuklären sind [64.21]. Solche Geräte werden unter extremen Bedingungen erprobt, z. B. freien Fall aus 167 km Höhe [64.21]. Andere Geräte halten statische Belastungen bis zu einer Tonne und dynamische von 100 g, in einem Fall sogar 1000 g, sowie Temperaturen bis 800 °C kurzfristig aus. Die letzten Daten setzen wieder Draht als Informationsträger voraus [64.22], [65.44]. Wieder andere Typen zeichnen bis zu 33 Spuren auf Magnetband von 1 Zoll Breite auf [66.28]. Ja, selbst besonders kernstrahlfeste Geräte sind gebaut [63.17].

Aus der Fülle weiterer Anwendungen seien noch ausgewählt: Störungsschreiber für die Energieversorgung [64.25], [65.47], [67.17], Geräte für Korrelationselektronik [56.14], [57.12], Geräte für besonders langsame Geschwindigkeiten (z. B. 0,2 mm/s) und große Speicherzeiten (z. B. 1 Jahr unter Wasser, Schnee und Eis) [64.26], [66.29]. Ebenso gehört hierzu die automatische Kontrolle über Kernexplosionen [62.30]. In Übertragung der Videotechnik entstehen auch sehr breitbandige Meßgeräte [64.20]. In einem Fall werden sie sogar zur Funküberwachung empfohlen [62.29]. Zur besseren Nutzung der Leitung können Bildtelegramme gespeichert und mit höherer Geschwindigkeit übertragen werden [57.13]. In ähnlicher Weise können für die drahtlose Weiterverbindung sogar kurzlebige Meteoriten-Spuren als „Scattering"-Verbindung genutzt werden [60.18]. Erwähnt sei hier auch ein Kraftfahrzeugtest, bei dem pneumatische Kolben nach Magnetbandprogramm getrennt auf die Räder einwirken [64.24].

Diese Fülle von Spezialgeräten zeigt deutlich, wieviel sich die Speichertechnik für Sonderzwecke vom ursprünglichen Magnettonbandgerät entfernt hat.

Einen Überblick zu Miniaturgeräten von Raumsonden bis zur Erdölbohrung gibt [64.23]. Etwas später erscheint auch ein kurzer Überblick über Geräte, die in Flugkörpern und Fahrzeugen zu verwenden sind [65.45]. Einen recht anschaulichen Überblick zum Gerätebestand gibt [65.46], [65.48]. 31 Geräte von 11 Firmen faßt in einer Tabelle [65.60] zusammen. Den Zusammenhang mit der Instrumentierkette zeigt Barognon [65.62].

Abschließend sei etwas zum Umsatz gesagt. Im gewissen Umfang geht er schon aus dem Anteil der Instrumentationsbänder (Abschn. 5.1) hervor. Bereits für das Geschäftsjahr Mai 1961 bis April 1962 weist die größte amerikanische Firma AMPEX einen Umsatz von 84 und einen Gewinn von 3,2 Millionen Dollar aus [62.31].

5.7. Anwendung in der Produktion

Ein der Instrumentation sehr verwandtes Gebiet ist die Werkzeugmaschinensteuerung. Sie schien zunächst mit dem Magnetbandgerät große Bedeutung zu erlangen, da einmal durchgeführte Arbeiten danach ständig reproduziert wiederholt werden können [56.15]. Zu diesem Zweck war natürlich eine einwandfreie Positionseinstellung und -kontrolle der Maschinen zu schaffen. In einem Falle wurden hierzu von Schnecken und Zahnstangen spezielle Spuren auf dem Magnetband aufgezeichnet [54.10], [61.23]. Ein anderer Weg benutzte modulierte Aufzeichnungen, die Servomotoren steuerten [54.11]. Hiermit können auch mehrere Maschinen gleichzeitig parallel betrieben werden. Diese Verfahren sind jedoch keineswegs auf die Metallbearbeitung beschränkt, sondern gewinnen in allen Gebieten an Bedeutung, wie z. B. in der Chemie [55.15]. Entsprechend den rauhen Bedingungen wurden spezielle Bänder mit einer Schutzschicht entwickelt [61.21]. Die Entwicklung der Rechentechnik wies dann aber seit etwa 1960 einen anderen Weg, der nicht in der Wiederholung von Vorgängen, sondern in der Steuerung nach Konstruktionsdaten besteht [58.8], [59.17], [62.32], [62.33], [66.31]. Der Übergang zur Anwendung in der Automation war dann nur noch ein kleiner Schritt. Als Beispiel seien hier die Zielsteuerung [61.12], [61.24], [62.33], [63.20] und der Postscheckdienst [63.24] angegeben.

5.8. Bildspeicherung

5.8.1. Vorgeschichte

Angeregt durch die betriebssichere Programmgestaltung beim Hörrundfunk, bestand auch beim Fernsehen das Bedürfnis nach einem ebenso zuverlässigen Speicherverfahren. Der Film hat hierfür viele Nachteile. Aus mechanischen Gründen wird fast ausnahmslos nur jedes zweite Halbbild aufgezeichnet. Außerdem muß infolge der häufig ungünstigen Gradation des Filmmaterials stets ein beträchtlicher Qualitätsverlust in Kauf genommen werden. Schließlich kommt noch die zeitraubende chemische Entwicklung dazu, nach der erst die Brauchbarkeit der Aufzeichnungen festgestellt werden kann [66.32]. Nur auf Grund dieser Tatsachen ist der gewaltige Aufwand zu verstehen, mit dem die ersten Versuche zur Speicherung von Fernsehbildern auf Magnetband betrieben wurden [60.19]. Ein erster Überblick für technische Möglichkeiten erschien 1952 [52.7], [52.8]. Danach sollten u. a. mittels Elektronenstrahlschaltröhren oder entsprechenden Vidikons auf 10 und mehr Spuren die Signale gespeichert werden. Auch längs oder quer zum Bandlauf rotierende Köpfe wurden erwähnt. 1954 führte die RCA die erste Anlage zur Fernsehaufzeichnung vor, bei der ein 12,7 mm breites Magnetband, auf dem fünf Spuren aufgezeichnet wurden, mit etwa 10 m/s fortbewegt wurde [54.12]. Doch trotz weiterer Verbesserung konnte sich dieses Verfahren nicht behaupten. Noch 1956 wurden in Frankreich mit 100 rotierenden Köpfen Versuche in anderer Richtung unternommen [56.16]. Auch von England wurden einige Versuche bekannt. Diese Geräte hat sogar die CBS gekauft [56.17].

5.8.2. Ampextechnik

An einem einfachen Verfahren hatte bereits 1951 Ginsburg in aller Stille mit Versuchen begonnen. 1952 waren gerade Bilder erkennbar, 1955 erfolgte bei AMPEX die Überführung in die Produktion [62.12] und 1956 fand der erste Probeeinsatz statt [57.3]. Das erste Gerät erhielt 1958 Hollywood, und Anfang 1962 konnte bereits das 1000. Gerät ausgeliefert werden [62.12]. Davon waren allein 861 in den USA im Juni 1962 in Betrieb. Als wesentlich wird die erhöhte Betriebssicherheit und Transistorierung eingeschätzt [62.34].

Obwohl noch 1958 die BBC Geräte mit vier Spuren und hoher Transportgeschwindigkeit untersuchte [58.9], blieb der von AMPEX eingeschlagene Weg mit vier senkrecht zur Laufrichtung des Magnetbandes rotierenden Köpfen die bisher beste Lösung [57.14], [59.18]. 1963 treten so die ersten Patentstreitigkeiten auf [63.21].

1965 erfolgen bereits 83% der Fernsehsendezeit vom Band [65.49], und 1966 wird stolz das 10jährige Bestehen der magnetischen Bildaufzeichnung gefeiert [66.33], [66.34]. Dabei hatten die Geräte auch die Einführung des Farbfernsehens mitgemacht und die Entwicklung Riesenprofite abgeworfen.

Probleme entstanden der Ampex-Technik durch die komplizierte Spurlage zunächst bei der Schnittechnik [59.12], [61.26], [61.27], [62.36].

Das Drop-out-Problem ließ sich bei der Videoaufzeichnung relativ elegant lösen [65.36].

Hilfsmittel entstanden für die Tonaufzeichnung [67.19] für eine Zeitlupen- und Zeitraffertechnik, die auch eventuell Einzelbilddarstellung ermöglicht [67.20], [69.5]. In diesem Zusammenhang sei noch der Standbildfolienspeicher [62.9], das Speicherrad [60.20] und eine Videomagnetmaschine, bei der sich 18 Kassetten abwechseln [69.11], erwähnt (vgl. auch S. 1—34).

5.8.3. Heimbildtechnik

Durch die Entwicklung der Ampex-Technik angeregt, entstanden bald vereinfachte Bildgeräte mit einem oder zwei rotierenden Köpfen [60.8], [61.25]. Sie führten zu Miniaturgeräten [62.35]. 1963 kündigt AMPEX das erste Koffergerät an [63.22], und 1964 folgt dann das große Wettrennen um Heimbandgeräte [64.28]. Dabei werden noch einmal die Techniken ohne rotierende Köpfe erfolglos erprobt [64.29], [66.35]. Auch ein Techniker im Handel versucht eine Entwicklung [64.30]. Im Endeffekt bleiben aber die Geräte mit einem bzw. zwei rotierenden Köpfen Sieger [65.33], [65.51], [65.52], [65.53]. Auch hier gelingt der Übergang zum Farbfernsehen [67.18]. 1969 scheint ein erheblicher Preisrückgang einzusetzen [69.9], und demnächst werden Kassettengeräte erwartet [69.4], [69.7]. Einen Überblick gibt [69.6].

5.8.4. Sonstiger Einsatz der Bildspeicherung

Mit der Vereinfachung der Bildtechnik erweiterte sich auch der Einsatz der Fernsehtechnik. An der Universität ist sie heute schon nicht mehr besonders außergewöhnlich. Demonstrationen der verschiedensten Art sind so gut wiederholbar [64.31], [69.10].

Für das industrielle Fernsehen lag bereits 1961 ein Gerät vor [61.25]. Auch für die Röntgendiagnostik werden Speichergeräte angewendet [63.23], [65.65]. Der Einsatz im Sport muß hier leider ohne Beleg genannt werden.

Einen interessanten Vergleich zwischen Fernsehspeicherung und Schmalfilm zeigt [65.54].

Mit einem Magnetband von 100 m Länge wurden schließlich auch die Bilder vom Mars übertragen [65.56]. Diese Speicherung langsamer Bildvorgänge wird heute schon häufiger angewendet [65.57]. Dabei sei zugleich auf die Bildtelegraphie verwiesen [57.13]. Ähnlich wie bei der Schallplatte scheint sich auch eine Bildplatte herausbilden zu wollen [66.37].

Erwähnt sei noch die Anwendung der Bildspeicherung für die Dokumentation [64.8].

5.9. Rechentechnik

1947 wurde der erste Elektronenrechner fertiggestellt und 1951 die erste kommerziell elektronische Rechenanlage gebaut [65.59]. Wenig später erschienen die ersten IBM-Rechner. Sie enthielten bereits Magnetband- und Magnettrommel-Einheiten. Wegen der großen Bedeutung einer kurzen Zugriffszeit mußte sich das Magnetband schnell starten und stoppen lassen. Bereits damals waren zwischen den Bandwickeln und dem Antrieb Pufferspeicher eingefügt. So ergaben sich 10 m/s. Außerdem entstand gleich die digitale Aufzeichnung in NRZ- bzw. RZ-Verfahren (vgl. Bd. IV dieser Reihe) [55.4]. Die folgende Entwicklung senkte dann die Start-Stop-Zeiten von 10 auf etwa 1 ms und erhöhte die Speicherdichte von 4 auf 66 bit/mm. Zur Grenze der Speicherdichte ist einiges in [66.38] [67.21], [67.22] gesagt. Einen Überblick zu 43 Geräten 9 verschiedener Firmen des Jahres 1962 gibt [62.37] und für 54 Geräte von 15 Firmen des Jahres 1965 [65.61]. In der letzten Zeit beginnt auch die Kassettentechnik Bedeutung zu gewinnen. Gab es zunächst nur Kassetten für $^1/_4$-Zoll-Band, so erschien kürzlich ein Kleinstspeicher mit der Compactkassette in 9-Spurbetrieb [69.13]. Ergänzt sei hier noch einiges zur Magnetbandhaltbarkeit [68.9], -Prüfung [61.28], -Archivierung [63.27], -Reinigung [65.63], [66.4] und -Sortierung [63.26].

Bei der digitalen Speicherung entsteht durch die Start- und Stopplücke stets unnötiger Bandverbrauch. Dies ist ein Nachteil für die Datenerfassung. So entstanden um 1964 die Incrementalrecorder, die bei jedem bit das Band weiterschalten und sonst sozusagen außer Betrieb sind [64.5].

Einen besonderen Kompromiß stellt der 1961 erschienene Karussellspeicher dar. Hier soll erreicht werden, daß Kapazität und Zugriffszeit in ein günstiges Verhältnis kommen [61.29], [62.10]. Eine andere interessante Variante ist der Speicher für Fernschreibzeichen [65.22]. Als gewisse Sonderrichtung kann schließlich der Magnetkartenspeicher [62.38], [63.28], [64.34] und die Magnetschrift [62.6], [63.3], [63.4], [63.29], [64.2], [65.12] aufgefaßt werden.

Gleichzeitig mit dem ersten Magnetband erschien auch der erste Trommelspeicher. Mit 100 U/s bei 40 m Länge und 10 cm Durchmesser hatte er durchaus respektable Daten [55.4]. Über den Stand um 1960 geben die Arbeiten [59.19], [61.30] einen guten Überblick . Hier änderten sich neben der Speicherdichte vor allem der Kopfabstand, der schließlich pneumatisch gehalten wird [60.7]. Den neuen Entwicklungsstand zeigt [65.59], [68.10]. Interessant ist, daß erst 1966 das Magnettrommel-Patent erteilt wird [66.30].

Neben den Trommeln gab es auch von Beginn an Magnetplatten [65.59]. Sie nutzten besser das Volumen. Aus ihnen ging dann zur noch besseren Volumennutzung der Mehrplattenspeicher 1957 hervor [57.2]. Er entwickelt sich dann gewaltig weiter [61.31], [62.36]. Zum Stand der Technik um 1963 berichtet [63.30]. In demselben Jahr erscheint auch ein extrem großer IBM-Speicher [64.27]. 1963 liegt dann auch der erste Plattenwechselspeicher vor [63.28]. Seine Bedeutung hat in den letzten Jahren beträchtlich zugenommen [68.3], [69.3].

1967 wird in einem Übersichtsartikel von 3 Arten von elektromechanischen Speichern gesprochen: 1. Jene, die je eine Spur, einen Kopf besitzen (Trommel, Platte); 2. Systeme mit beweglichen Köpfen und festmontiertem Träger (Trommel, Platte); 3. Systeme mit auswechselbaren Trägern (Platten, Karten, Bänder) [67.23]. 1970 erscheint eine Einschätzung der Verhältnisse und Trends bei Magnetband und Magnetstapeln [70.2].

5.10. Literatur

[87.1] Smith, O.: Some possible form of phonograph. Electrical World (1887) Sept.. 116–117.

[00.1] Ruhmer, E.: Der Telephonograph. Phys. Z. **1** (1900), S. 413, 470, 554; **2** (1900), S. 28.

[32.1] Schüller, E., und Meyer, E.: Magnetische Schallaufzeichnung auf Stahlbänder. Z. f. techn. Phys. **13** (1932), S. 593.

[35.1] Schüller, E.: Magnetische Schallaufzeichnung. ETZ **56** (1935), S. 1219.

[35.2] Hansen, W. M.: Das Magnetophon ETZ **56** (1935), S. 1232.

[37.1] Schüller, E.: Magnetophon. VDE-Fachberichte (1937), S. 175.

[41.1] Braunmühl, H. J. v., und Weber, W.: Das verbesserte Magnettonverfahren. VDI-Z. (1941), S. 628.

[48.1] Jungk, K.: Das Magnetofon erstmalig im Spielfilm. Foto-Kino-Technik **2** (1948) H. 5, S. 126.

[48.2] –: Magnetton auf Film. Foto-Kino-Technik **2** (1948) H. 9, S. 224.

[48.3] Gunka, H., und Lippert, W.: Einrichtung zum Auffinden von Tonstellen auf dem Magnetophonband. Funk u. Ton **2** (1948), S. 125.

[48.4] –: Titelblatt. Funktechnik **3** (1948) H. 4.

[49.1] Hasselbach, W.: Die absolute Messung der remanenten Wechselinduktion auf Magnettonbändern. Diplomarbeit Frankfurt/M. 1949.

[49.2] Schiesser, H.: Einrichtungen zur zeitlichen Dehnung von Schallaufzeichnungen. Funk u. Ton **3** (1949) H. 5, S. 256.

[49.3] „Dimaphon" ein wirtschaftliches Diktiergerät. Funktechnik **3** (1949) H. 22, S. 661.

[49.4] Das Dimaphon. Das Elektron (1949) H. 11, S. 407.

[49.5] Das Pausenzeichen des NWDR. Funktechnik **4** (1949) H. 2, S. 40.

[49.6] Hölle, C.: Ferrophon Junior. Funktechnik **4** (1949) H. 10, S. 288.

[50.1] Larson, A.: Telegrafonen og den Traadlose. Teknisk Forlag, Kobenhavn 1950.

[50.2] Friend, A. W.: Magneto-optic transducers. RCA-Review **11** (1950) H. 4, S. 482.

[50.3] Schmidbauer, O.: Vervielfältigung von Magnetophon-Aufzeichnungen. Fortschritte der Radiotechnik. Francksche Verlagsbuchhandlung, Stuttgart 1950/51.

[50.4] Weber, K. H. R.: Analyse eines Spektrums sehr tiefer Frequenzen mittels des Magnettonverfahrens. Funk u. Ton **4** (1950) H. 12, S. 619.

[51.1] Duoton-Magnetbandgerät. Funktechnik **6** (1951) H. 13, S. 347.

[51.2] Steinbuch, K., und Dölz, H.: Ein neues Magneton-Ortsansagegerät. FTZ **4** (1951), S. 121.

[52.1] Krones, F.: Die magnetische Schallaufzeichnung. Verlag B. Erb, Wien IV 1952.

[52.2] Trampert, G.: Kleinbandgeräte. Funktechnik **7** (1952) H. 7, S. 180.

[52.3] –: Grundig-Tonbandgerät „Reporter 500 L". Funktechnik **7** (1952) H. 10, S. 260.

[52.4] –: Messebericht der Leipziger Messe 1952. Funktechnik **6** (1952) H. 4, S. 112.

[52.5] –: Magnettongeräte und Urheberrecht. Verlag C. H. Beck, Berlin 1952.

[52.6] Molyneusse, L.: Recording Low Frequency Phenomena on Magnetic Tape. Electron. Engng. **24** (1952), S. 130.

[52.7] Lennartz, H.: Fernsehen und Magnettontechnik. Radio-Magazin **28** (1952), S. 379.

[52.8] Gernsbach, H.: Magnetic tape TV-Recording. Radio-Electronics **23** (1952) H. 14, S. 29.

[53.1] Begun, S. J.: Magnetic recording. Rinehard Books Inc. New York 1953.

[53.2] –: Magnetton-Klebeband. Funktechnik **8** (1953) H. 4, S. 108.

[53.3] –: Cinerama – eine filmische „Sensation" in technischen Grenzen. Film-Technik **7** (1953) H. 2, S. 36.

[53.4] Shellet, A. M., u. a.: Electron beam head for magnetic tape playback. Electronics **26** (1953) H. 10, S. 186.

[53.5] Frese, F.: Die Möglichkeiten zur Vertonung von Amateurfilmen. Filmtechnik 7 (1953) H. 7, S. 194.
[53.6] —: Sprachspeicher, ein automatisiertes Magnettongerät für Dauerbetrieb. Funktechnik **1** (1953) H. 8, S. 230.
[53.7] Etzold, H.: Speichernde Schallmeßtechnik. Funk u. Ton **7** (1953) H. 6, S. 307.
[54.1] Seiberth, H.: 20 Jahre Magnetophonband. Funktechnik **9** (1954) H. 8, S. 219.
[54.2] Jeschke, J.: Verfahren zur Herstellung hartmagnetischer γ-Ferrite für Magnettonbänder. Bild u. Ton (1954) H. 11 u. 12.
[54.3] Friedrich, H.: Vierkanal-Magnetton-Anlage für den Tonfilm. Telefunken-Ztg. **27** (1954) H. 106, S. 219.
[54.4] —: Die Magnetspurbeschichtung. Film-Technikum **5** (1954) H. 9, S. 212.
[54.5] Westmijze, W. K.: Application of the reciprocity theorem to magnetic reproducing heads. Acustica **4** (1954) H. 1, S. 50.
[54.6] Enkel, F.: Die technischen Einrichtungen des Studios für elektronische Musik. Techn. Hausmitteilg. NWDR **6** (1954), S. 14.
[54.7] Redlich, R., und Schmaeks, W.: Die Apparatur zum Schneiden der Teldec-„Füllschrift"-Platten nach dem Rheinschen Verfahren. Telefunken-Ztg. **27** (1954) H. 106, S. 223.
[54.8] —: Leipziger Messe 1954. Funktechnik **9** (1954) S. 262, 300.
[54.9] —: Echofreie Lautsprecheranlage mit Schallverzögerung. Funktechnik **9** (1954) H. 1, S. 24.
[54.10] Hogan, J. W.: Magnetic Tape Controls Machine Tools. Electronics **27** (1954) H. 12, S. 144.
[54.11] Leaver, E. W.: Recorder-Controlled Automatic Machine Tools. Electronics **27** (1954) H. 11, S. 124.
[54.12] —: Fernsehbilder auf Magnetband. Film-Technikum **5** (1954) H. 2, S. 49.
[55.1] Gondesen, K. E.: Verfahren der bildsynchronen Tonaufzeichnungen im Fernsehen. Elektron. Rundschau **9** (1955) H. 2, S. 60.
[55.2] Daniel, E. D.: A flux-sensitive reproducing head for magnetice recording systems. Proc. IEE **102 B** (1955) H. 7, S. 442.
[55.3] Springer, A. M.: Ein Gerät zur Änderung der Wiedergabe und einer Schallaufzeichnung. Elektron. Rundschau **9** (1955) H. 12, S. 418.
[55.4] Schröter, O.: Von der Lochkarten-Rechenmaschine zur EDPM-Anlage. Elektron. Rundschau **9** (1955) H. 10, S. 344.
[55.5] Leilich, H. O.: Technische Probleme bei der Entwicklung von Magnettrommelspeichern. Elektron. Rundschau **9** (1955) H. 10, S. 365.
[55.6] —: Heimmagnettongeräte. Funktechnik **10** (1955) H. 19, S. 558.
[55.7] Diefenbach, W.: Diktiergeräte mit hohem Bedienungskomfort. Funktechnik **10** (1955) H. 9, S. 336.
[55.8] —: Tiergruppen mit Spezialmagnetophonen. Funktechnik **10** (1955) H. 12, S. 339.
[55.9] —: Außenministerkonferenz auf Tonband. Funktechnik **10** (1955) H. 24, S. 698.
[55.10] Meyer-Eppler, W.: Raumgestaltung, Elektroakustik. Arsviva-Verlag, Mainz 1955.
[55.11] Winckel, F.: Klangstruktur der Musik. Verlag f. Radio-Foto-Kinotechnik GmbH. Berlin-Borsigwalde 1955.
[55.12] —: Magnettonaufnahmen urheberrechtlich geschützter Werke für persönliche Zwecke. Funktechnik **10** (1955) H. 12, S. 340.
[55.13] —: Heimliche Tonbandaufnahmen verfassungswidrig. Funktechnik **10** (1955) H. 13, S. 376.
[55.14] Donaldson, P. E. K.: Magnetic tape recorder für electrophysiology. Electron. Engng. **27** (1955), S. 543.
[55.15] Donner, W.: Tape Controlled Servo Speed Chemical Analysis. Electronics **28** (1955) H. 2, S. 136.

[56.1] Römer, J.: Zur Geschichte der HF-Vormagnetisierung. Elektron. Rundschau **10** (1956), S. 79.
[56.2] —: 8-mm-Heimkino mit Magnetton. Funktechnik **11** (1956) H. 21, S. 631.
[56.3] —: Neue Geräte für die elektronische Datenverarbeitung. Elektron. Rundschau **10** (1956) H. 10, S. 283.
[56.4] —: Heimtonbandgerät TR 3 und Tonbandkoffer TK 7/3 D. Funktechnik **11** (1956) H. 9, S. 253.
[56.5] —: Das Magnetophon „KL 65". Funktechnik **11** (1956) H. 7, S. 186.
[56.6] Meyer, O. W.: Umspielgerät zur schnittlosen Tonbandmontage. Radio u. Fernsehen 5 (1956) H. 8.
[56.7] —: Ein guter Standard in Leipzig. Funktechnik **11** (1956) H. 6, S. 155.
[56.8] Stafford, J. W.: Automatic Inspection of magnetic-sound Prints. Electronics **29** (1956) H. 3, S. 164.
[56.9] —: Heim-Magnettongeräte als Ergänzung des 8-mm-Heimprojektors. Photo-Techn. u. Wirtschaft **7** (1956), S. 348.
[56.10] —: Neue Geräte für die magnetische Schallspeicherung. Elektron. Rundschau **10** (1956) H. 7, S. 201.
[56.11] Schübel, F.: Einsatzmöglichkeiten von Ansagegeräten. SEG-Nachrichten (1956) H. 3, S. 113.
[56.12] —: Apparatur zum Erzeugen künstlichen Nachhalls. Elektron. Rundschau **10** (1956) H. 8, S. 228.
[56.13] —: Gefährdung von Magnetbändern beim Lufttransport. Funktechnik **11** (1956) H. 11, S. 310.
[56.14] Lange, F. H.: Anwendung der Korrelationsanalyse in der Nachrichtentechnik. Nachrichtentechnik **6** (1956) H. 4, S. 148.
[56.15] Uhrmeister, H.: Tonbandsteuerungen für Werkzeugmaschinen. Industrie-Anzeiger 58 (1956), S. 786.
[56.16] —: L'enrégistrement des images par tambours magnétiques. Rev. Son (1956), S. 74.
[56.17] —: Neues Fernsehmagnetbandverfahren. Funktechnik **11** (1956) H. 14, S. 416.
[57.1] —: Telefunken-Doppelspielband DS 65. Elektron. Rundschau **11** (1957) H. 10, S. 323.
[57.2] Schröter, G.: Der Magnetplattenspeicher. Elektron. Rundschau **11** (1957) H. 4, S. 109.
[57.3] Ginsburg, C. P.: A new magnetic video recording systems. J. SMPTE **79** (1957).
[57.4] Diefenbach, W.: Phono- und Magnettontechnik. Funktechnik **12** (1957) H. 18, S. 624.
[57.5] —: Phono- und Magnettontechnik. Funktechnik **12** (1957) H. 11, S. 354.
[57.6] Frerichs, H. G.: Magnetophon KL 65 S mit zwei Bandgeschwindigkeiten. Funktechnik **12** (1957) H. 16, S. 563.
[57.7] —: Kopiergerät für Magnettonbänder. Elektron. Rundschau **9** (1957) H. 3, S. 120.
[57.8] —: Tonband-Alarmanlagen. Funktechnik **12** (1957) H. 21, S. 718.
[57.9] Heidelauf, J.: Die Mehrspurmagnetbandgeräte im Flugsicherungsdienst. NTZ **10** (1957) H. 7.
[57.10] Meerbach, H.: Ein Magnetbandgerät für die Meßtechnik. Elektronik **6** (1957), S. 49–50.
[57.11] Schönefeld, W. M., und Gillmann, H.: Grundlagen für die Speicherung von Radarbildern auf Magnetband. Elektron. Rundschau **11** (1957) H. 6, S. 165.
[57.12] Fenimore, G.: Korrelationsanalyse auf Band gespeicherter Daten. Control Engng. **14** (1957) H. 8, S. 102.
[57.13] Gryb, R. M.: Record Carrier, System for High-Speed Data Transmission. Bell. Lab. Rec. **35** (1957) H. 9, S. 321.
[57.14] Snyder, R. H.: Video tape recorder uses revolving heads. Electronics **30** (1957) Nr. 8, S. 138.

[58.1] FLORES, I., und RAGONESE, F.: A method for synthesizing the waveform generated by a character printed in magnetic ink, in passing beneath a magnetic reading head. IRE Trans. Electronic Comp. **EC 7** (1958) H. 4, S. 277.

[58.2] —: Rundfunk-Stereophonie-Systeme. Funktechnik **13** (1958) H. 22, S. 746.

[58.3] BRAUNS, H.: TM 60 — ein Magnettongerät für Stereo-Aufnahme und -Wiedergabe. Funktechnik **13** (1958) H. 10, S. 346, 382.

[58.4] LIMPERT, W. D.: Tonaufzeichnungen in UKW-Qualität mit 4,75 m/s Bandgeschwindigkeit. Funktechnik **13** (1958) H. 5, S. 136.

[58.5] —: Neue Heimmagnettongeräte. Funktechnik **13** (1958) H. 12, S. 396, 405.

[58.6] —: „Magnetophon" als Warenzeichen eingetragen. Elektron. Rundschau **10** (1958) H. 2, S. 104.

[58.7] LENARTZ, J.: Ein Magnetbandgerät für Ultraschallfrequenzen. Elektron. Rundschau **12** (1958) H. 5, S. 170.

[58.8] GERECKE, E.: Zifferngeregelte Konturwerkzeugmaschinen. VDI-Ztschr. **100** (1958) S. 1566.

[58.9] —: Neues Gerät für die magnetische Bildaufzeichnung. Elektron. Rundschau **12** (1958) H. 6, S. 207.

[59.1] —: 25 Jahre Tonband. Funktechnik **14** (1959) H. 20, S. 734.

[59.2] —: Tonband-Diktiergerät mit Spezialkassette. Funktechnik **14** (1959) H. 10, S. 350.

[59.3] —: Magnetophon 76 — ein Vierspurmagnettongerät. Funktechnik **14** (1959) H. 9, S. 283.

[59.4] FRIESS, H.: Die stereophonische Tonfilmaufnahme und -wiedergabe. Funk u. Ton **8** (1959) H. 12, S. 622.

[59.5] KUHRT, F., u. a.: Wiedergabe von Magnettonaufzeichnungen mit Hilfe des Halleffektes. Elektron. Rundschau **13** (1959) H. 11, S. 407.

[59.6] BELGER, H., und HEIDORN, G.: Über die Längsschwingungen von Magnettonbändern. Rundfunktechn. Mitteilg. (1959) H. 8, S. 312.

[59.7] VÖLZ, H.: Beitrag zur Konstanthaltung des Bandzuges bei Magnetbandgeräten. Nachrichtentechnik **9** (1959) H. 4, S. 181.

[59.8] MEIER, O. W.: Das Laufwerk des Reporter-Magnettongerätes. Techn. Mitteilg. des BRF **3** (1959) H. 1/2, S. 12.

[59.9] —: Stereophonische Aufnahmetechnik. Elektron. Rundschau **13** (1959) H. 1, S. 12.

[59.10] —: Phono- und Magnettontechnik zukunftsicher. Funktechnik **14** (1959) H. 12, S. 411.

[59.11] —: Tonbandbox „Niki". Funktechnik **14** (1959) H. 7, S. 212.

[59.12] FRIES, H.: Schnitt-Technik für Videobänder. Elektron. Rundschau **13** (1959) H. 11, S. 414.

[59.13] —: Phono- und Magnetton-Neuerungen. Funktechnik **14** (1959) H. 19, S. 696.

[59.14] FRESE, F.: Tonspur contra Tonband. Filmtechnikum **10** (Mai 1959), S. 133.

[59.15] DETHLEFSEN, C.: Magnetophon M 5 M. Funktechnik **14** (1959) H. 22, S. 795.

[59.16] CUBASCH, F.: Magnetbandgerät für wissenschaftliche Zwecke. Elektron. Rundschau **13** (1959) H. 11, S. 413.

[59.17] SCHLEGEL, H.: Industrielle Anwendung der Magnetbandtechnik. ETZ-B **11** (1959) H. 4, S. 3.

[59.18] SCHWARZ, K.: Magnetische Bildaufzeichnung nach dem Ampex-Verfahren. Funktechnik (1959) H. 4, S. 100.

[59.19] OTTO, R.: Die Magnettrommel des Siemens-Digitalrechners 2002. Siemens-Berichte **22** (1959) H. 5, S. 85.

[60.1] —: 25 Jahre Magnetophonband BASF. Mitteilungen an alle Tonbandfreunde (1960) H. 21.

[60.2] —: Reinigen der Bänder mit Grundig Hilfsmitteln. Grundig Techn. Informat. Juli 1960, S. 97.

[60.3] —: „BASF-Rasterband“ Ein wichtiges Hilfsmittel für die Magnettontechnik. Funktechnik **15** (1960) H. 21, S. 769.
[60.4] —: Verbessertes Magnettonband für Elektronenrechner. Feinwerktechnik **64** (1960) H. 5, S. 72.
[60.5] GONDESEN, K. E.: Verfahren und Geräte der bildsynchronen Tonaufzeichnung bei Film und Fernsehen. In: WINKEL, F.: Technik der Magnetspeicher. Springer-Verlag 1960, S. 172.
[60.6] —: Magnacord — eine Synthese aus Magnetband und Lochkarte. Elektron. Rundschau **14** (1960), S. 283.
[60.7] BILLING, H.: Die Magnetspeicher bei elektronischen Rechenmaschinen. In: F. WINCKEL: Technik der Magnetspeicher. Springer-Verlag, Westberlin/Gött./Heidelbg. 1960, S. 282.
[60.8] —: Japanische Magnetbandgeräte für die Bildaufzeichnung. Elektron. Rundschau **14** (1960) H. 6, S. 245.
[60.9] SCHÜLLER, E.: Die Technik der Magnettongeräte. In: F. WINCKEL: Technik der Magnetspeicher. Springer-Verlag Westberlin/Gött./Heidelbg. 1960.
[60.10] —: Magnettonkurznachrichten. Funktechnik **15** (1960) H. 23, S. 822.
[60.11] —: Auf dem Wege zum automatischen Magnetbandgerät. Funktechnik **15** (1960) H. 19, S. 688.
[60.12] —: Selbstklebendes Magnettonband und Magnettonkaschierband. Funktechnik **15** (1960) H 22, S. 808.
[60.13] —: Probleme und Neuerungen der Magnettontechnik. Funktechnik **15** (1960) H. 14, S. 524.
[60.14] —: Produktionszahlen der Phonoindustrie. Funktechnik **15** (1960) H. 6, S. 154.
[60.15] DIEFENBACH, W.: Schmalfilmvertonung mit Tonkopplern. Funktechnik **15** (1960) H. 3, S. 820.
[60.16] —: Das sprechende Buch. Funktechnik **15** (1960) H. 1. S. 13.
[60.17] ENKEL, F.: Die magnetische Schallspeicherung im Studiobetrieb. In: F. WINKEL: Magnetspeichertechnik. Springer-Verlag, Westberlin 1960, S. 246.
[60.18] —: Scatteringverbindung für die Westindischen Inseln. Elektron. Rundschau **14** (1960) H. 4, S. 158.
[60.19] WEHDE, H.: Verwendung der Magnetspeichertechnik für Fernsehaufzeichnungen. In: F. WINCKEL: Technik der Magnetspeicher, Springer-Verlag, Westberlin/Gött./Heidelbg. 1960, S. 208.
[60.20] WESSELS, J. H.: Magnetische Aufzeichnung von Fernsehbildern auf einem Speicherrad. Philips Techn. Rundschau **22** (1960/61) H. 2, S. 37.
[61.1] SCHÜLER, B.: Von den ersten Schallaufzeichnungen zum Tonband. Techn. Rundschau Bern (1961) H. 4, S. 3.
[61.2] —: Jugend und Werk. Firmenzeitschrift der BASF **12** (1961) H. 4.
[61.3] —: Magnetband mit dreifacher Spieldauer. Radio Mentor **27** (1961), S. 402.
[61.4] —: Heimmagnettongeräte 1961/62. Funktechnik **16** (1961) H. 20, S. 729.
[61.5] HÖRMANN, H.: Polyester als Unterlage für Magnetbänder. Funktechnik **16** (1961) H. 20, S. 734.
[61.6] —: Magnetisierbare Schichten zum Aufkleben. Elektronik **10** (1961) H. 3, S. 91.
[61.7] MIYATE, J. J.: Optical read-out digital magnetic recording. Trans. Amer. IEE **80** (1961) H. 53, S. 53.
[61.8] DAVIES, G. L.: Magnetic tape instrumentation. McGraw-Hill Book Co. New York, Toronto, London 1961.
[61.9] MEYER ZU HOBERGE, S.: Tonbandeln — ein echtes Hobby. Funktechnik **16** (1961) H. 20, S. 723.
[61.10] —: Magnetton-Zubehör. Funktechnik **16** (1961) H. 21, S. 762.
[61.11] —: Magnettongeräte. Funktechnik **16** (1961) H. 17, S. 631.
[61.12] MÄWIUS, W.: Schmalfilm-Synchronisiergerät „Telechron II“. Funktechnik **16** (1961) H. 6, S. 172.

[61.13] SCHÄDILCH, H. J., und GROSSE, R.: Tonbandaufnahmen der deutschen Mundarten in der Deutschen Demokratischen Republik. Forschungen u. Fortschritte **35** (1961) H. 12, S. 358.

[61.14] STÜLPNER, K.: Magnetbänder für den Flugsicherungsdienst. radio mentor **27** (1961) H. 9, S. 712.

[61.15] MONSE, H. R.: Das Tonbandbuch für alle. VEB Fotokinoverlag Halle 1961.

[61.16] —: Der Kampf um die Urheberrechte bei Tonbandaufnahmen. Funktechnik **16** (1961) H. 8, S. 238.

[61.17] DAVIES, G. L. D.: Magnetic tape instrumentation. Mc Graw-Hill Book Comp. Inc. New York, Toronto, London 1961.

[61.18] VÖLZ, H.: Grundlagen und Entwicklungstendenzen der Meßmagnetbandtechnik. Frequenz **15** (1961) H. 7, S. 218.

[61.19] GÖTZE, S.: Zur Meßwert-Registrierung aus Flugkörpern. Raketentechnik u. Raumfahrtforschung **5** (1961) S. 26.

[61.20] —: Datenverarbeitung im Raketen-Programm. Bürotechn. u. Automation **2** (1961) H. 6, S. 147.

[61.21] —: Agfa-Magnetton-Bänder für die Maschinensteuerung. Bürotechn. u. Automation **2** (1961) H. 11, S. 230.

[61.22] FRIEDRICH, H.: Paketförderanlage mit kontaktloser Zielsteuerung in einem Großversandhaus. Siemens-Zeitschr. **35** (1961) H. 9, S. 628.

[61.23] WLODARCZAK, H.: Die Magnetnockenleiste, ein magnetischer Positionsspeicher für Werkzeugmaschinen. AEG-Mitt. **51** (1961) H. 1/2, S. 16.

[61.24] HÄUSLER, H.: Magnetischer Zielspeicher mit statischer Abfragung durch Hallgeneratoren zur kontaktlosen Steuerung des Fertigungsflusses. Siemens-Z. **35** (1961) H. 1, S. 45.

[61.25] —: Video-Bandgerät von Loewe-Opta. Kinotechnik **15** (1961) H. 8, S. 246.

[61.26] GONDESEN, K. E.: Möglichkeiten der Schnittbearbeitung von Video-Magnetbändern. Kinotechnik **15** (1961) H. 10, S. 299.

[61.27] SCHÜRER, J.: Ein neues Verfahren zum Schneiden von Videobändern. Rundfunktechn. Mitt. **5** (1961), S. 240.

[61.28] GOLDBERG, A. A., und HANNAH, M. R.: Video-Tape-Analyser. J. SMPTE **70** (1961) Febr. 85—89.

[61.29] —: The carousel memory. Data Processing 3 (1961) H. 2, S. 126.

[61.30] BÜRGER, E.: Elektrische und mechanische Probleme beim Trommelspeicher. Wiss. Z. TH Dresden **10** (1961) H. 4, S. 999.

[61.31] Mc LAUGHLIN, H. J.: Disc file Memories. Instrum. Control. Syst. **34** (1961) H. 11, S. 2063.

[62.1] HÖRMANN, H.: Agfa Magnettonbänder auf dünnem Polyesterträger. Kinotechnik **16** (1962) H. 6, S. 147.

[62.2] —: Gewaltkur mit Tonbändern. Funkschau **34** (1962) H. 1, S. 20.

[62.3] —: BASF-Vorführband. Funktechnik **17** (1962) H. 3, S. 66.

[62.4] RICHARDSON, D. E., u. a.: A System of electrostatic recording. IRE Transact. **AU 10** (1962) H. 4, S. 95.

[62.5] —: Magnetband für Maschinensteuerung. Elektron. Rundschau **16** (1962) H. 1, S. 39.

[62.6] PRIEBE, O.: Büromaschinen. VDI-Z. **104** (1962) H. 21, S. 1013.

[62.7] —: Gemeinsame Magnettonkonstruktion von EMI und Philips. Elektron. Rundschau **16** (1962) H. 9, S. 432.

[62.8] —: Herstellung von Magnettonfolien in Frankreich durch BASF. Funktechnik **17** (1962) H. 9, S. 270.

[62.9] WALTER, H. G.: Aufzeichnung und Wiedergabe von Standbildern mit dem Folienspeicher. Elektron. Rundschau **16** (1962) H. 3, S. 97.

[62.10] —: Elektronische Datenverarbeitung — Neue Geräte und Anlagen. Elektron. Rundschau **16** (1962) H. 8, S. 349.

[62.11] —: Magnetschrift-Schecks in Frankreich im Umlauf. Bürotechnik u. Organisation **10** (1962) H. 8, S. 620.

[62.12] —: Ampex-Bild-Aufzeichnungs-Anlage. Funkschau (1962) H. 8, S. 413.

[62.13] Tolk, A.: Ein neues tragbares Magnetbandgerät für Reportagezwecke. Radio u. Fernsehen **11** (1962) H. 22, S. 692.

[62.14] Kuttruff, H.: Künstlicher Nachhall. Frequenz **16** (1962) H. 3, S. 91.

[62.15] —: Kleines japanisches Tonbandgerät. Funktechnik **17** (1962) H. 22, S. 764.

[62.16] —: „RK 36" — ein Heim-Tonbandgerät mit Transistoren. Funktechnik **17** (1962) H. 5, S. 136.

[62.17] Knicker, W.: Magnetophon automatic. Funktechnik **17** (1962) H. 14, S. 471.

[62.18] John, H.: Tonband-Anrufbeantworter als Gesprächspartner. Funktechnik **17** (1962) H. 4, S. 106.

[62.19] Straub, W.: 8 mm-Film mit Randspur aus geschnittenem Magnetband. Kinotechnik **16** (1962) H. 3, S. 59.

[62.20] Pierschel, G.: Neue Projektoren für 8 mm-Schmalfilm aus dem VEB Kamera- und Kinowerke Dresden. Feingerätetechnik **11** (1962) H. 3, S. 105.

[62.21] —: Schmalfilmvertonung mit dem Magnetophon 96 S und Noris Synchroner TS. Funktechnik **17** (1962) H. 1, S. 23.

[62.22] —: „TK 41" als Schultonbandgerät zugelassen. Funktechnik **17** (1962) H. 17, S. 562.

[62.23] Klein, H.: Klangsynthese und Klanganalyse im elektronischen Studio. Frequenz **16** (1962) H. 3, S. 109.

[62.24] Glücksmann, A.: Der Tonbandkrieg in Westdeutschland und die Regelung derselben Fragen in der DDR. Radio u. Fernsehen **11** (1962) H. 13, S. 395.

[62.25] —: Schutzdauer des Warenzeichens „Magnetophon" verlängert. Funktechnik **17** (1962) H. 7, S. 198.

[62.26] —: Private Tonbandaufnahmen. Funktechnik **17** (1962) H. 13, S. 434.

[62.27] —: Pressestimmen zum westdeutschen Tonbandstreit. radio mentor **28** (1962) H. 7, S. 568.

[62.28] Koggemann, H.: Das Tonband im Verfahrensrecht. Dissertation Göttingen 1962.

[62.29] —: Magnetbandgerät zur Funküberwachung. Elektronik **11** (1962) H. 12, S. 381.

[62.30] —: EMI-Magnetbandgeräte registrieren Atomexplosionen. Elektron. Rundschau **16** (1962) H. 12, S. 596.

[62.31] —: Ampex-Geschäftsbericht 1961/62. Elektron. Rundschau **16** (1962) H. 9, S. 433.

[62.32] Schneider, R.: Elektronische Rechenanlagen programmieren für Werkzeugmaschinen. Elektron. Rundschau **16** (1962) H. 3, S. 117.

[62.33] Volk, P.: Automatisierung mechanischer Produktionsprozesse. ETZ-A **83** (1962) H. 26, S. 893.

[62.34] —: 861 Videogeräte in den USA in Betrieb. Elektron. Rundschau **16** (1962) H. 9, S. 434.

[62.35] —: Miniatur-Video-Magnetbandgerät. Funkschau **34** (1962) H. 8, S. 186.

[62.36] Bounsall, N. F.: Electronic Editing of video tape. Wireless World **68** (1962) H. 9, S. 404.

[62.37] Schuff, K. H.: Großraumspeicher und ihre Verwendung in der Datenverarbeitung. Elektron. Datenverarb. (1962) H. 2, S. 49.

[62.38] Cresap, u. a.: Magnetic tape equipment for intermediate and large size computers. Control Engng. **9** (1962) H. 3, S. 105.

[62.39] —: Die Elektronenrechnerausstellung in London. Elektron. Rundschau **16** (1962) H. 1, S. 29.

[63.1] —: Tonbänder sauber und exakt kleben. Funkschau **35** (1963) H. 23, S. 654.

[63.2] —: Zahlendruckwerke für magnetische Farbe. Int. Elektron. Rundschau **17** (1963) H. 8, S. 906.

[63.3] —: Skandinavische Banken einheitlich für CMC-7 Magnetschrift. Int. Elektr. Rundschau **17** (1963) H. 12, S. 648.

[63.4] —: Setzt sich die EB 13 wirklich durch? Bürotechnik u. Automation **4** (1963) H. 1, S. 18.

[63.5] —: Von Bändern und Geräten in aller Welt. radio mentor **27** (1963) H. 2, S. 90.

[63.6] —: HF-geregelter Gleichstrommotor für batteriebetriebene Tonbandgeräte. Funktechnik **18** (1963) H. 3, S. 81.

[63.7] —: Neue Magnettongeräte. Funktechnik **18** (1963) H. 18, S. 677.

[63.8] —: Mehrzahl der europäischen Banken hat sich für die Bull-Magnetschrift CMC 7 entschieden. Elektron. Rundschau **17** (1963) H. 8, S. 406.

[63.9] —: Zähldruckwerke für magnetische Farbe. Elektron. Rundschau **17** (1963) H. 8, S. 406.

[63.10] Bogen, W.: Konstruktions- und fertigungstechnische Probleme von Magnetköpfen. radio mentor **29** (1963) H. 2, S. 121.

[63.11] —: Rundfunk-Stereophonie im Kreuzfeuer der Meinungen. Funktechnik **18** (1963) H. 19, S. 711.

[63.12] —: 1000000mal die gleiche mechanische Tonbandgeräte-Konstruktion. Funktechnik **18** (1963), S. 666.

[63.13] —: Rund um das Magnetophonband. Funktechnik **18** (1963) H. 1, S. 7.

[63.14] —: Interessante Kombinationsgeräte. Funkschau **35** (1963) H. 23, S. 656.

[63.15] Redlich, H.: Fortschritte der Schallplatten-Überspieltechnik. Int. Elektron. Rundschau **17** (1963) H. 2, S. 78.

[63.16] —: Neuer Telefunken-Anrufbeantworter. Funkschau **35** (1963) H. 11, S. 790.

[63.17] —: Kernstrahlfestes Magnetbandgerät. Int. Elektron. Rundschau **17** (1963) H. 11, S. 586.

[63.18] Burt, A. D., u. a.: Design of satellite tape recorders after Tiros I. J. SMPTE **72** (1963) H. 10, S. 787.

[63.19] Maier, H.: Aufzeichnungsverfahren der Magnetbandgeräte für die Meßtechnik. Elektronik **12** (1963) H. 10, S. 289; H. 12, S. 372.

[63.20] Viktorin, P.: Magnetische Zielspeichereinrichtungen zum Steuern von Förderanlagen. Ind. Elektronik-Elektrowelt **8** (1963) H. 7/8, S. 135.

[63.21] —: Magnetband-Patentstreitigkeiten. Funktechnik **18** (1963), S. 350.

[63.22] —: Video-Aufzeichnungsgerät im Koffer. Funkschau **35** (1963), S. 187.

[63.23] Scholl, O.: Der Folienspeicher für die Röntgen-Fernseh-Diagnostik. Röntgenblatt **16** (1963) H. 3, S. 65.

[63.24] Achillis, C. M.: Die Automatisierung des Postscheckdienstes. ETZ-B **15** (1963) H. 17, S. 470.

[63.25] Brossmer, M.: Magnetische Speicherung und Wiedergabe von Meßwerten. ATM (1963) H. 328, S. 111; H. 330, S. 161; H. 331, S. 177.

[63.26] Breyer, H. J.: Eine Einführung in die Probleme der Magnetbandsortierung. Neue Technik im Büro **7** (1963) H. 1, S. 13; H. 6, S. 177.

[63.27] Försterling, A.: Die Magnetbandorganisation beim Rechenzentrum der DBP. Z. Post-Fernmeldewesen **18** (1963), S. 705.

[63.28] Bürger, E.: Büromaschinen und Datenverarbeitungsanlagen zu Büfa 63. Feingerätetechnik **12** (1963) H. 10, S. 446.

[63.29] —: Elektronische Datenverarbeitung auf der Hannover-Messe 1963. Elektron. Rundschau **17** (1963) H. 4, S. 305.

[63.30] Statland, N., und Hillegas, J. R. H.: Random access storage devise. Datamation **9** (1963) H. 12, S. 34.

[64.1] —: Hoffnungen, die sich nicht erfüllten. Funkschau **36** (1964) H. 21, S. 1546.

[64.2] —: Informations- und Bürotechnik auf der Hannover-Messe. Elektronik **13** (1964) H. 7, S. 219.

[64.3] —: BASF errichtet in Willstätt Spezialfabrik für Magnettonbänder. Funkschau **36** (1964) H. 13, S. 966.

[64.4] —: Betrachtungsgerät für magnetische Bandaufzeichnungen. Funktechnik **19** (1964) H. 5, S. 149.

[64.5] CURTIS, JUN. R. A.: Incremental magnetic tape recorders. Control Engng. **11** (1964) H. 7, S. 51.
[64.6] —: Neue Magnettongeräte. Funktechnik **19** (1964) H. 11, S. 403.
[64.7] —: Video recorder 3400. Funktechnik **19** (1964) H. 18, S. 652.
[64.8] —: Video-Magnetband als Konkurrenz des Mikrofilms. Funktechnik **19** (1964) H. 18, S. 650.
[64.9] KONDESEN, K. E.: Pilotsynchrone Tonaufnahme bei der Herstellung von Fernsehfilmen. Kinotechnik **18** (1964) H. 7, S. 165.
[64.10] —: Tabelle der Heimbandgeräteproduktion 1964 der DDR. radio und fernsehen **13** (1964) H. 3, S. 94.
[64.11] —: Tonbandgeräte für Reise und Heim. Funkschau **36** (1964) H. 19, S. 1404.
[64.12] —: Ein Kassettentonbandgerät mit Rundfunkteil für das Auto-Sabamobil TK-R 15. Funkschau **36** (1964) H. 9, S. 201.
[64.13] BREMBS, K.: MT 3624 = Stereo-Magnettongerät mit Kopiermöglichkeit. Funktechnik **19** (1964) H. 11, S. 399.
[64.14] —: Elektronische Neuheiten aus Japan. radio u. fernsehen **13** (1964) H. 17, S. 514.
[64.15] —: Japanische Miniatur-Magnetband- und Magnetdrahtgeräte. Elektron. Rundschau **18** (1964) H. 2, S. 80.
[64.16] SCHURIG, F.: Impulsgesteuerte Schmalfilmvertonung. Funktechnik **19** (1964) H. 4, S. 113.
[64.17] FRERSERL, W.: Die pädagogische und unterrichtliche Verwendung des Tonbandgerätes. Pädagogische Welt **18** (1964), S. 358.
[64.18] BELLMANN, A.: Wege und Möglichkeiten der Schallaufnahme ostdeutscher Mundarten heute. Z. Mundartenforschung **31** (1964), S. 62.
[64.19] —: Gespräche auf Tonband. Funktechnik **19** (1964) H. 6, S. 198.
[64.20] —: Aktualitäten. radio mentor **30** (1964) H. 2, S. 75.
[64.21] FRIEDLAENDER, E. R.: Ausstellung der Physical Society London. Int. Elektron. Rundschau **18** (1964) H. 3, S. 154.
[64.22] FRIEDLAENDER, E. R.: Elektronik auf der Luftfahrtschau Farnborough. Int. Elektron. Rundschau **18** (1964) H. 11, S. 638.
[64.23] LUCAS, E. D.: Miniatur-Bandgeräte von Raumsonden bis zur Erdölbohrung. Control Engng. **11** (1964) H. 12, S. 53.
[64.24] —: Kraftfahrzeugtest mit Magnetband. Funkschau **36** (1964) H. 1, S. 2.
[64.25] MAIER, H.: Störungsschreiber mit magnetischer Aufzeichnung für Hochspannungsnetze. Dissertation Stuttgart 1964.
[64.26] FRIEDLAENDER, E. R.: Londoner Ausstellung: Meßgeräte, Elektronik, Automation. Int. Elektron. Rundschau **18** (1964) H. 8, S. 439, 444, 446.
[64.27] —: IBM 1302 — größter Magnetplattenspeicher der Welt. Int. Elektron. Rundschau **18** (1964) H. 3, S. 137.
[64.28] —: Video-Magnetbandgeräte für den Heimgebrauch. Elektron. Rundschau **18** (1964) H. 2, S. 81.
[64.29] —: Noch ein Heimvideogerät. Funkschau **36** (1964) H. 16, S. 426.
[64.30] —: Techniker im Handel entwickelt Video-Aufzeichnungsgerät. Funkschau **36** (1964) H. 16, S. 426.
[64.31] —: Video-tape-Geräte für Universität. Elektronik **13** (1964) H. 5, A 35.
[64.32] —: Video-Magnetband als Konkurrenz des Mikrofilms? Funktechnik **19** (1964) H. 18, S. 658.
[64.33] MAIER, H.: Magnetbandregistriergeräte. Elektronik **13** (1964) H. 10, S. 307.
[64.34] —: Magnetkartenspeicher ICT 1564. Int. Elektron. Rundschau **18** ((1964) H. 9, S. 487.
[65.1] VÖLZ, H.: Beitrag zur Geschichte und Systematik der Magnetspeichertechnik. Hochfrequenztechnik u. Elektroakustik **74** (1965) H. 2, S. 47.
[65.2] —: Videobandgeräte, Vierfachspielband und Magnetköpfe. radio mentor **31** (1965) H. 3, S. 149.

[65.3] Kluth, H.: Das Magnetophonband der BASF; Produktion – Geschichtliches – Zukunft. Chemiker Ztg. **89** (1965) H. 7, S. 212.
[65.4] –: Compact-Cassette. Funktechnik **20** (1965) H. 17, S. 646.
[65.5] –: Zwei Kassettensysteme – und wie weiter? Funkschau **37** (1965) H. 17, S. 452.
[65.6] Kühne, F.: Tonband-Kassettengeräte; Versuch eines Überblicks. Funkschau **37** (1965) H. 17, S. 467.
[65.7] –: Kopieren und Konfektionieren kostet Geld. radio mentor **31** (1965) H. 11, S. 887.
[65.8] Christian, E.: Zum Drop-out-Problem bei Heimtonbandgeräten. radio mentor **31** (1965) H. 9, S. 738.
[65.9] –: Magnetbandreiniger. Feinwerktechnik **69** (1965) H. 2, S. 86.
[65.10] –: Justierband für Tonköpfe. Funkschau **37** (1965) H. 22, S. 632.
[65.11] –: Agfa-Gevaert AG. Funktechnik **20** (1965) H. 9, S. 366.
[65.12] Scheidhauer, K.: Magnetische Zeichenerkennung – ein Automationshilfsmittel. radio mentor **31** (1965) H. 6, S. 488.
[65.13] –: Electronics Markets. Electronics **38** (1965) H. 1, S. 113.
[65.14] –: 33-Spuren-Magnettonaufnahmemagnetkopf. Elektron. Rundschau **19** (1965) H. 6, S. 327.
[65.15] Wolf, W.: Das Antriebssystem des Magnettongerätes R 700. Techn. Mitt. RFZ **9** (1965) H. 2, S. 62.
[65.16] –: Neue Magnettongeräte und erweitertes Zubehör. Funktechnik **20** (1965) H. 12, S. 466.
[65.17] –: Fernsehbilder von Schallplatten. Funktechnik **20** (1965) H. 12, S. 460.
[65.18] –: Kollektorloser Gleichstrom-Kleinstmotor. Funktechnik **20** (1965) H. 15, S. 588.
[65.19] –: Neues Tonbandkassettensystem „DC International". Funktechnik **20** (1965) H. 15, S. 572.
[65.20] –: Taschendiktiergerät. Funkschau **37** (1965) H. 14, S. 370.
[65.21] –: Kompander verbessert Magnettonkopie. radio mentor **31** (1965), S. 301.
[65.22] Kampen, v. H.: Magnetbandspeicher für Fernschreibzeichen. Philips Techn. Rundschau **26** (1965) H. 9–11, S. 296.
[65.23] –: Tonbandkassettenspieler für Rundfunksender. Funkschau **37** (1965) H. 22, S. 608.
[65.24] –: 15 Jahre Magnetfilm in deutschen Studios. Kinotechnik **19** (1965) H. 4, S. 80.
[65.25] –: Tonbandgeräte für Netzbetrieb. Funktechnik **20** (1965) H. 24, S. 986.
[65.26] –: Geräte aus dem Ausland. Funktechnik **20** (1965) H. 20, S. 826.
[65.27] Schröder, H.: Das Heimtonbandgerät „Magnetophon". Telefunken Ztg. **38** (1965) H. 3/4, S. 277.
[65.28] –: Phonotechnik mit hohem Leistungsstand. Funktechnik **20** (1965) H. 17, S. 670.
[65.29] –: Erste Kurzinformation aus Stuttgart. Funktechnik **20** (1965) H. 18, S. 744.
[65.30] Brauns, H.: Cassettensystem „DC-International". Funktechnik **20** (1965) H. 17, S. 664.
[65.31] –: Bandkassetten contra Schallplatten. radio mentor **31** (1965) H. 9, S. 291.
[65.32] Knochenhauer, F.: Music-center. Funktechnik **20** (1964) H. 9, S. 337.
[65.33] –: – und einige weitere Neuheiten. Funktechnik **20** (1965) H. 12, S. 475.
[65.34] –: Gesprochene Briefe auf Tonbandpatronen. Funktechnik **20** (1965) H. 2, S. 89.
[65.35] –: Fakten. Funkschau **37** (1965) H. 19, S. 511.
[65.36] –: Grundig Teleboy. Grundig Techn. Informat. **12** (1965), S. 989.
[65.37] Foerster, H.: Bessere Auswertung von Ferngesprächen durch Aufnahme auf Tonband. Fernmeldepraktiker **5** (1965) H. 5, S. 105, 106, 111, 112.
[65.38] Pruskil, S.: Lehrmaschinen und Büroelektronik in Hannover. Funkschau **37** (1965) H. 12, S. 329.

[65.39] MÜHLSTADT, A.: Die Magnettonplatte – ein interessanter Tonträger. Funkschau **37** (1965) H. 12, S. 381.
[65.40] –: Tonbandbücher. Funkschau **37** (1965) H. 10, S. 786.
[65.41] GERBER, W.: Schallanalysen von Magnettonaufzeichnungen. Int. Elektron. Rundschau **19** (1965) H. 1, S. 30.
[65.42] –: Zum neuen Urheberrechtsgesetz. Funkschau **37** (1965) H. 13, S. 348.
[65.43] –: Urheberrecht und Tonbandstreit. Funktechnik **20** (1965) H. 15, S. 572.
[65.44] –: Datenaufzeichnungsgerät für Flugunfälle. Int. Elektron. Rundschau **19** (1965) H. 1, S. 22.
[65.45] MAIER, H.: Magnetbandgeräte für Messungen in Fahrzeugen und Flugkörpern. Elektronik **14** (1965) H. 8, S. 241.
[65.46] ARONSON, M. H.: Magnetic tape recorders. Instrum. u. Control Systems **38** (1965) H. 7, S. 88.
[65.47] SNYDER, C. J., und WEERS, D. D.: Magnetic tape recording on electric untility system. Westinghouse Engr. **25** (1965) H. 5, S. 130.
[65.48] –: A survey of the magnetic tape instrumentation recorders. Brit. Commun. Electronics. **12** (1965) H. 7, S. 420.
[65.49] –: TV-Konserve im Vormarsch. Funkschau **37** (1965) H. 8, S. 573.
[65.50] BIRKEN, H., und JOTTEN, H. G.: Magnetic tape recording in fluoroscopy. Meicamundi **11** (1965) H. 2, S. 57.
[65.51] –: Ampex-Recorder für den Heimgebrauch. Funkschau **37** (1965) H. 20, S. 544.
[65.52] –: Bildbandgeräte in den USA. Int. Elektron. Rundschau **19** (1965) H. 2, S. 75.
[65.53] LANGE, K. H. A.: Ein Video-Magnetbandgerät für nichtprofessionelle Anwendung. Philips Techn. Rundschau **26** (1965) H. 7, S. 169.
[65.54] –: Video recorder oder Schmalfilmkamera? Funkschau **37** (1965) H. 6, S. 133.
[65.55] –: Recording data on video-tape. Data Processing **7** (1965) H. 2, S. 62.
[65.56] –: 100 m langes Magnetband zur Übertragung der Marsbilder. Int. Elektron. Rundschau **19** (1965) H. 9, S. 488.
[65.57] –: Tonbandgerät speichert Bilder. Funkschau **37** (1965) H. 11, S. 277.
[65.58] CHRISTIAN, E.: Moderne Fertigungsverfahren für Magnetköpfe. Funkschau **37** (1965) H. 11, S. 287.
[65.59] NIJENHUIS, W., und VAN DE WEG, H.: Fortschritte auf dem Gebiet der Elektronenrechner während des letzten Jahrzehnts. Philips Techn. Rundschau **26** (1965) H. 7, S. 187.
[65.60] –: A survey of magnetic instrumentation recorders. British Communication a Electronics **12** (1965) H. 7, S. 420.
[65.61] BERRINGER, L.: Continous digital tape recorders. Instrum. Contr. Syst. **38** (1965) H. 11, S. 104.
[65.62] BARAGNON, F.: Anwendung der magnetischen Datenspeicherung in einer Instrumentierkette. ETZ-B **17** (1965) H. 22, S. 696.
[65.63] –: Magnetbandreiniger. Feinwerktechnik **69** (1965) H. 2, S. 86.
[66.1] –: Kassettentonbandgeräte früher und heute. Funkschau **38** (1966) H. 15, S. 476.
[66.2] BOGEN, W.: Tonbänder und Magnetköpfe für 70 dB Geräuschspannungsabstand. radio mentor **32** (1966) H. 5, S. 346.
[66.3] VÖLZ, H., und GANZKE, H.: Versuch einer oszillographischen Darstellung eines preisachähnlichen Gebirges. 2. Konferenz zur Magnetischen Aufzeichnung Budapest 1966, S. 240–245.
[66.4] –: Service-Reinigungsband „811/CT". Funktechnik **21** (1966) H. 6, S. 197.
[66.5] YU, T. S., und DUNN, H. K.: Experiments in ferroelectric-tape-recording. J. Acoustical Soc. Am. **39** (1966) H. 6, S. 1090.
[66.6] –: Speicherband für elektronische Rechenanlagen. Funkschau **38** (1966) H. 12, S. 386.
[66.7] BÖHME, L.: Elektrografie und Magnetografie zur Klarschrifterzeugung. Neue Technik im Büro **10** (1966) H. 2, S. 46.

[66.8] —: Informationstechnik. Elektronik **15** (1966) H. 5, S. 79.

[66.9] —: Magnetband schon ein Milliardengeschäft. Chem. Industrie **18** (1966) H. 12, S. 812.

[66.10] —: Tonbänder am laufenden Band. Elektronik Z. (1966) H. 23, S. 3+4.

[66.11] —: Electronics Market 1966. Electronics **39** (1966) H. 1, S. 111.

[66.12] Koristka, Chr.: Die Magnettonaufzeichnung — ihre technische Leistungsfähigkeit, kriminalistische Bedeutung und strafprozessuale Stellung. Dissertation Berlin 1966.

[66.13] Völz, H.: Vergleichende Betrachtungen zur magnetischen Speicherung tiefer Frequenzen. Hochfrequenz u. Elektroakustik **75** (1966) H. 6, S. 212.

[66.14] —: Erweiterungsbau bei Bogen eingeweiht. Funktechnik **21** (1966) H. 5, S. 150.

[66.15] Hadady, R. E.: Isoelastic tape drive. Instruments Contr. Syst. **39** (1966) H. 4, S. 111.

[66.16] —: Videorecorder TCV 2010 mit Halbzollband. Funktechnik **21** (1966) H. 23, S. 848.

[66.17] —: 160000 Tonbänder im Schallarchiv des Bayerischen Rundfunks. Funktechnik **21** (1966) H. 10, S. 368.

[66.18] Gondesen, K. E.: Neues Tonbandgerät für pilotsynchrone Tonaufnahmen. Kinotechnik **20** (1966) H. 9, S. 222.

[66.19] —: Tonbandgeräte für Reise und Heim. Funkschau **38** (1966) H. 19, S. 1537.

[66.20] —: Tonbandgeräte wirtschaftlich betrachtet. Funktechnik **21** (1966) H. 3, S. 81.

[66.21] —: Radio-Cassettenrecorder. Funktechnik **21** (1966) H. 23, S. 835.

[66.22] Christian, E.: Aufzeichnungstechnik bei Magnetfolien-Diktiergeräten. radio mentor **32** (1966) H. 10, S. 833.

[66.23] Eckström, H., und Nylen, P.: Magicall — automatische Wähleinrichtung. Ericson Rev. **43** (1966) H. 2, S. 49.

[66.24] —: Elektronisches Notizbuch „EN 3" mit integrierter Schaltung. Funktechnik **21** (1966) H. 5, S. 162.

[66.25] Mühlstädt, A.: Magnetbandspeicher für Sprachdokumentation. Funkschau **38** (1966) H. 2, S. 51, 101.

[66.26] —: Ein Geräuschklavier. Funkschau **38** (1966) H. 13, S. 346.

[66.27] —: Tonbandgebühr vor das Schiedsgericht. Funkschau **38** (1966) H. 4, S. 98.

[66.28] Friedlaender, E. K.: Elektronik und Automation in England. Int. Elektron. Rundschau **20** (1966) H. 8, S. 458.

[66.29] —: Aktualitäten. radio mentor **32** (1966) H. 6, S. 460.

[66.30] —: Magnetbandtrommel-Patent endgültig erteilt. Intern. Elektron. Rundschau **20** (1966) H. 3, S. 46.

[66.31] Simon, W.: Die numerische Steuerung von Werkzeugmaschinen — Entwicklungsstand 1966. ETZ-A **87** (1966) H. 25, S. 909.

[66.32] —: Kein Fernsehen ohne Speichereffekte. radio mentor **32** (1966) H. 10, S. 780.

[66.33] —: Zehn Jahre Bildaufzeichnung auf Magnetband. Funkschau **38** (1966) H. 10, S. 301.

[66.34] —: Zehn Jahre magnetische Bildaufzeichnung. Int. Elektron. Rundschau **20** (1966) H. 4, S. 244.

[66.35] —: Ein Videorecorder vom Schnelläufertyp. Funkschau **38** (1966) H. 6, S. 160.

[66.36] Habermann, W.: Drop-out-Kompensation bei der Wiedergabe magnetischer Farbfernsehaufzeichnungen. Rundfunktechn. Mitt. **10** (1966) H. 1, S. 33.

[66.37] —: Bildaufzeichnung auf schallplattenförmigen Magnetfolien. Funktechnik **21** (1966) H. 9, S. 312.

[66.38] Frost, W. T., und Singer, B. H.: Increased area density in magnetic recording. Radio Electron. Engrs. **31** (1966) H. 1, S. 12.

[67.1] —: 90 Jahre Schallaufzeichnung. Funkschau **39** (1967) H. 11, S. 338.

[67.2] —: Musikkassetten erobern den Weltmarkt. Funkschau **39** (1967) H. 11, S. 330.

[67.3] Schmidt, H.: PES 35 LH ein neuer Tonbandtyp für den Amateursektor. Funktechnik **22** (1967) H. 19, S. 741.

[67.4] —: Chromoxid-Tonband. Elektronik Z. **6** (1967) H. 22, S. 3.

[67.5] —: Computer-Bänder aus der modernsten Magnetbandfabrik der Welt. Int. Elektron. Rundschau **21** (1967) H. 1.

[67.6] Limann, M.: Das Magnetophonband wird Magnetband. Elektronik **6** (1967) H. 3, S. 91.

[67.7] Völz, H., und Willascheck, K.: Ein neuartiger Magnetkopf, insbesondere für die hochdichte Speicherung. Nachrichtentechnik **17** (1967) H. 8, S. 306.

[67.8] Völz, H.: Zum Zusammenhang von Energie- und Speicherdichte bei der Informationsspeicherung. Int. Elektron. Rundschau **21** (1967) H. 2, S. 41.

[67.9] Weiss, H.: Die Bedeutung magneto-optischer Methoden bei der Speicherung von Signalen. Hochfrequenztechnik u. Elektroakustik **76** (1967) H. 5, S. 175.

[67.10] Völz, H.: Dynamikanpassung und -steigerung allgemeiner Kanäle bei der Speicherung. Hochfrequenztechnik u. Elektroakustik **76** (1967) H. 6, S. 212.

[67.11] —: Rundfunk, Fernsehen, Magnetton. Funktechnik **22** (1967) H. 9, S. 294.

[67.12] —: Die Deutsche Elektronik-Industrie im Jahre 1966. Elektronik **6** (1967) H. 7, E 109—110.

[67.13] Boden, G.: Eine Einrichtung zum elektronischen Überwachen von Magnettonumzeichnungen. Bild u. Ton **20** (1967) H. 4, S. 103.

[67.14] —: Neuartiger Diktierautomat. Umschau **67** (1967) H. 5, S. 171.

[67.15] —: Elektronisches Notizbuch EN 7. Funktechnik **22** (1967) H. 18, S. 691.

[67.16] —: Taschendiktiergeräte mit Magnetbandkassette. radio mentor **33** (1967) H. 11, S. 823.

[67.17] Maier, H.: Magnetbandgeräte zur Überwachung von Prozessen und Aufklärung von Störungen. Die elektrische Ausrüstung (1967) H. 5, S. 133.

[67.18] —: Bildbandgeräte zur Aufzeichnung von Farbsignalen. Funktechnik **22** (1967) H. 18, S. 690.

[67.19] Iwamura, S., u. a.: Automatic TV audio cueing/dubbing system. NHK Lab. Note Japan (1967) S. 1.

[67.20] Funk, H.: Die Zeitlupe im Fernsehen. radio mentor **33** (1967) H. 7, S. 526.

[67.21] Völz, H.: Spurhöhe, Spurzahl und Kanalkapazität bei der magnetischen Speicherung. Hochfrequenztechnik u. Elektroakustik **76** (1967) H. 5, S. 172.

[67.22] Haas, G. F.: Die Technik hoher Aufzeichnungsdichte bei Magnetband-Digitalspeichern. NTZ **20** (1967) H. 10, S. 571.

[67.23] Mierzkowski, K.: Digital-Rechenanlagen. VDI-Z. **109** (167) H. 16, S. 735.

[68.1] Singhoff, W.: PE 36 und PE 46 zwei verbesserte „Hifi-Low-Noise"-Tonbänder. Funktechnik **32** (1968) H. 9, S. 352.

[68.2] Struska, J.: Historical development of magnetic tapes from the point of view of the preisach diagram. 35th Convention, Audio Engng. Soc. preprint 586.

[68.3] —: ICT-Plattenspeicher. Int. Elektron. Rundschau **22** (1968) H. 8, S. 206.

[68.4] Schmidt, G.: Semiprofessionelle Video-Recorder. Funktechnik **23** (1968) H. 21, S. 803; H. 22, S. 848; H. 23, S. 897.

[68.5] Buschmann, H.: Tendenzen der Elektromechanik in der Nachrichtentechnik. Feinwerktechnik **72** (1968) H. 8, S. 366.

[68.6] Bäder, K. O., und Blesser, B. A.: Ein Kompressorsystem mit variablen Eigenschaften und Pulsdauermodulation. radio mentor **33** (1968) H. 12; **34** (1969) H. 1,

[68.7] Brek, K.: High-Fidility bei uns. Funktechnik **23** (1968) H. 17, S. 643.

[68.8] —: Gute Zukunftsaussichten für die Phonotechnik. Funktechnik **23** (1968) H. 9, S. 316.

[68.9] Rajkowic, M. V.: Die Haltbarkeit von Magnetbandaufzeichnungen. Rechentechnik/Datenverarbeitung (1968) H. 1, S. 27.

[68.10] Mokri, Y., u. a.: Mechanism and construction of magnetic memory drums. Rev. Electrical Comm. Lab. **16** (1968) H. 1, S. 1.

[69.1] —: Etwas über Compactkassetten. Funktechnik **24** (1969) H. 17, S. 664.
[69.2] —: Prospekt der Fa. Bogen 1969.
[69.3] —: Streit um Magnetplattenspeicher in England. Int. Elektron. Rundschau **23**. (1969) H. 3, S. 79.
[69.4] —: Bald Kassetten-videorecorder für Farbfernsehen. Funktechnik **24** (1969) H. 23, S. 898.
[69.5] Schmidt, G.: Magnetische Zeitlupengeräte. Funktechnik **24** (1969) H. 21, S. 831; H. 22, S. 867.
[69.6] —: Die Bildkonserve für den Heimempfänger. Funktechnik **24** (1969) H. 24, S. 937.
[69.7] —: Kassetten-Videorecorder von Sony für Farbfernsehen. Funktechnik **24** (1969) H. 20, S. 779.
[69.8] —: Internationale Ela-Ausstellung Paris 1969. Funktechnik **24** (1969) H. 10, S. 391.
[69.9] —: Heimvideorecorder LDL 1000 LDL 1002 und BK 100. Funktechnik **24** (1969) H. 11, S. 414.
[69.10] —: Fachtagung „Fernsehen im Unterricht". Funktechnik **24** (1969) H. 20, S. 785.
[69.11] —: Video-Magnetspeicherband mit 18 Kassetten. Funktechnik **24** (1969) H. 20, S. 800.
[69.12] —: Neues Digitalmagnetbandgerät. Int. Elektron. Rundschau **23** (1969) H. 8, S. 209.
[70.1] —: Magnetbänder aus vier Werken der BASF. radio Mentor **36** (1970) H. 1, S. 11.
[70.2] —: Computerbänder und Magnetplattenstapel für die Datenverarbeitung. Int. Elektron. Rundschau **24** (1970) H. 1, S. 11, 27.

SACHVERZEICHNIS

Liste wichtiger Ereignisse für die Tafel der geschichtlichen Entwicklung

1. Edison macht erste Aufnahme auf Zinnfolie
2. Edison geht zur Wachsfolie
3. Berliner: Platte mit Vervielfältigung durch Ätztechnik und Seitenschrift
4. 70–80 Umdrehungen wird als optimal anerkannt
5. Caruso singt auf Platte
6. Doppelseitige bespielte Platte von Odeon
7. Elektroakustische Aufnahmetechnik beginnt
8. Langspiel-Kunststoffplatte
9. Rheinsche Füllschrift
10. Stereo-Platte
11. Elektronenröhre
12. Rundfunktechnik
13. Erster Elektronenrechner
14. UKW-Rundfunk
15. Erster Flächentransistor
16. Sputnik
17. Rundfunkstereophonie
18. Erste Ideen zur magnetischen Aufzeichnung
19. Poulsen zeigt sein Telegraphone auf Pariser Weltausstellung
20. Einführung der Gleichstromvormagnetisierung
21. Pfleumer demonstriert Magnetband
22. Schüller entwickelt Ringkopf
23. Erstes BASF-Band
24. 3-Motoren-Transportwerk
25. Braunmühl und Weber führen HF-Vormagnetisierung ein
26. Studiotechnik wird genormt 76,2 cm/s $^1/_4$ Zoll-Band
27. Bandzugregelung wird üblich
28. 38,1 cm/s wird im Studio üblich
29. Studiogerät M 10 von Telefunken
30. Reportergerät R 21 des RFZ
31. Studiogerät R 700 ist volltransistorisiert und ohne Kontaktbauelemente
32. Nois-Ex wird versucht zur Dynamikverbesserung einzuführen
33. Weber zeichnet Ultraschall auf und gibt ihn transponiert wieder
34. Etzold entwickelt Schallmeßtechnik
35. Erstes Meßbandgerät von Telefunken M 5 M
36. Closed Loop für Meßwertspeicher
37. Buch von Davies erscheint über Meßwertspeicher
38. Der erste kommerzielle Rechner mit Magnetband- und Trommelspeicher
39. Mehrplattenspeicher wird eingeführt
40. Magnetkartenspeicher
41. Karussellspeicher
42. Magnetschrift
43. Wechselplattenspeicher
44. Incrementalrecorder
45. BG 19 erstes Heimtongerät
46. Indirekter Antrieb wird von Langspielplatte übernommen
47. 5 cm/s wird für Musik benutzt mehrere Bandgeschwindigkeiten sind üblich
48. 2,5 cm/s wird für Sprache angewendet
49. Vierspurtechnik entsteht
50. Automatisches Bandgerät
51. Die ersten transportablen Batteriegeräte erscheinen
52. Die Kassettentechnik wird durch Philips üblich
53. Erste flache Geräte tauchen auf
54. Kollektorloser Motor und gegenläufige Schwungmassen werden eingeführt
55. HiFi-Technik taucht auf
56. DEFA produziert Film Wozzeck mittels Magnetband
57. Randspur- und Magnetfilm tauchen auf
58. Spielfilme in 35- und 70 mm-Technik mit Magnetrandspuren
59. Schmalfilmsynchronisation in 2 Band-Betrieb
60. 8 mm Randspur wird möglich
61. Assmann produziert das Dimaphon
62. Grundig produziert Stenomatic
63. Telefonanrufbeantworter werden üblich
64. Diktiergerät von rols erscheint
65. Elektronisches Notizbuch EN 3
66. Elektronisches Notizbuch EN 7
67. Ginsburg beginnt Versuche zur Videoaufzeichnung
68. Ampextechnik wird versuchsweise eingesetzt
69. Siemens demonstriert Magnetfolieneinzelbildspeicher
70. NASA benutzt Videotechnik zur Dokumentation
71. Heimbildspeicher tauchen auf
72. Marsbilder werden auf Magnetband gespeichert

73. Cobalt wird für bessere Bänder vorübergehend eingesetzt
74. Erstes Langspielband erscheint
75. Polyester wird als Unterlage verwendet
76. Magnetische Anisotropie verbessert Bandeigenschaften
77. Tripelband kommt in den Handel
78. Vierfachband wird möglich
79. Low-Noise-tape wird verkauft
Chromdioxid wird für spezielle Bänder eingesetzt

80. Elektronenstrahlköpfe für die ma gnetische Wiedergabe werden erprob
81. Der Oberwellensondenkopf wird ver einzelt eingesetzt
82. Springer macht rotierende Köpfe fü Sonderanwendungen gebräuchlich
83. Siemens produziert Hall-Magnetköpf
84. Myayate erprobt Magneto-Optik
85. 3 M-Kompanie produziert Magnetic tape viewer

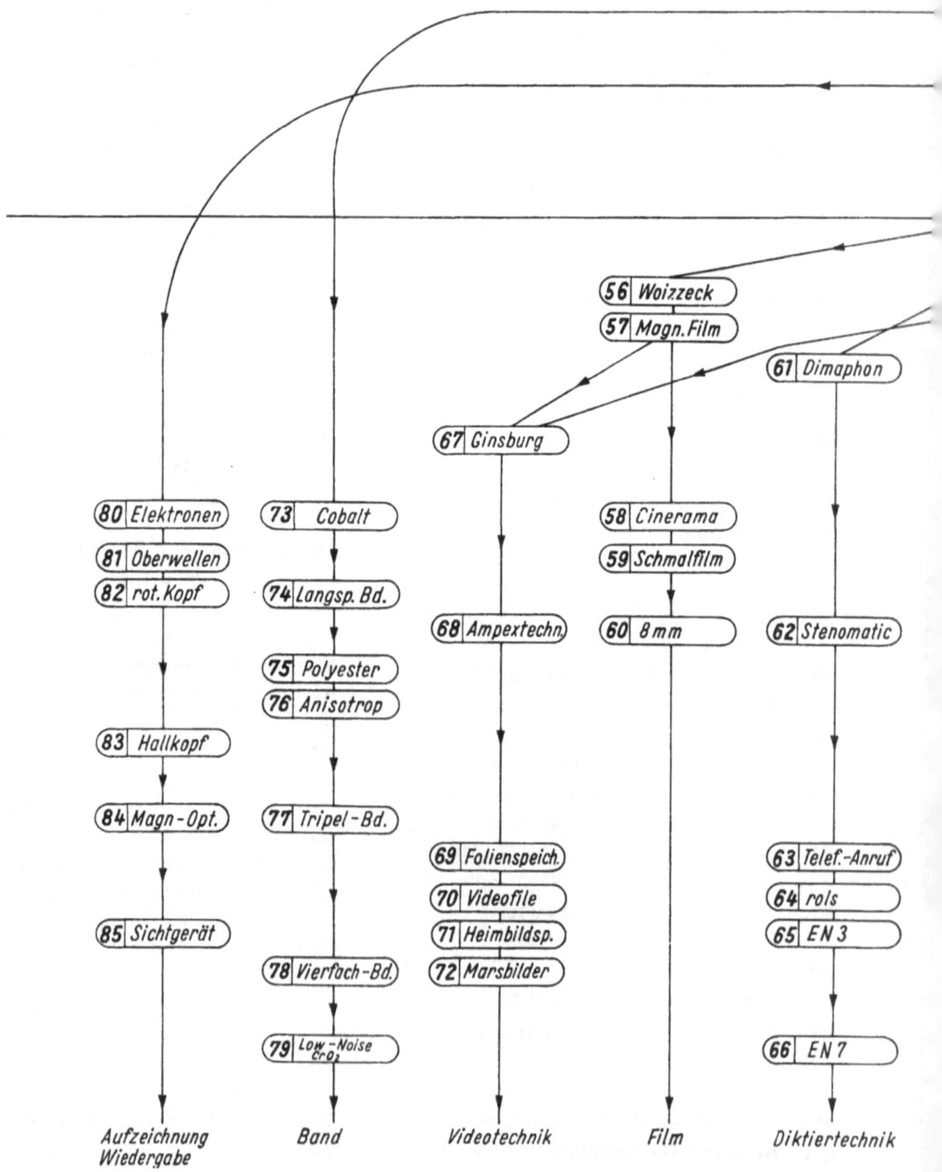

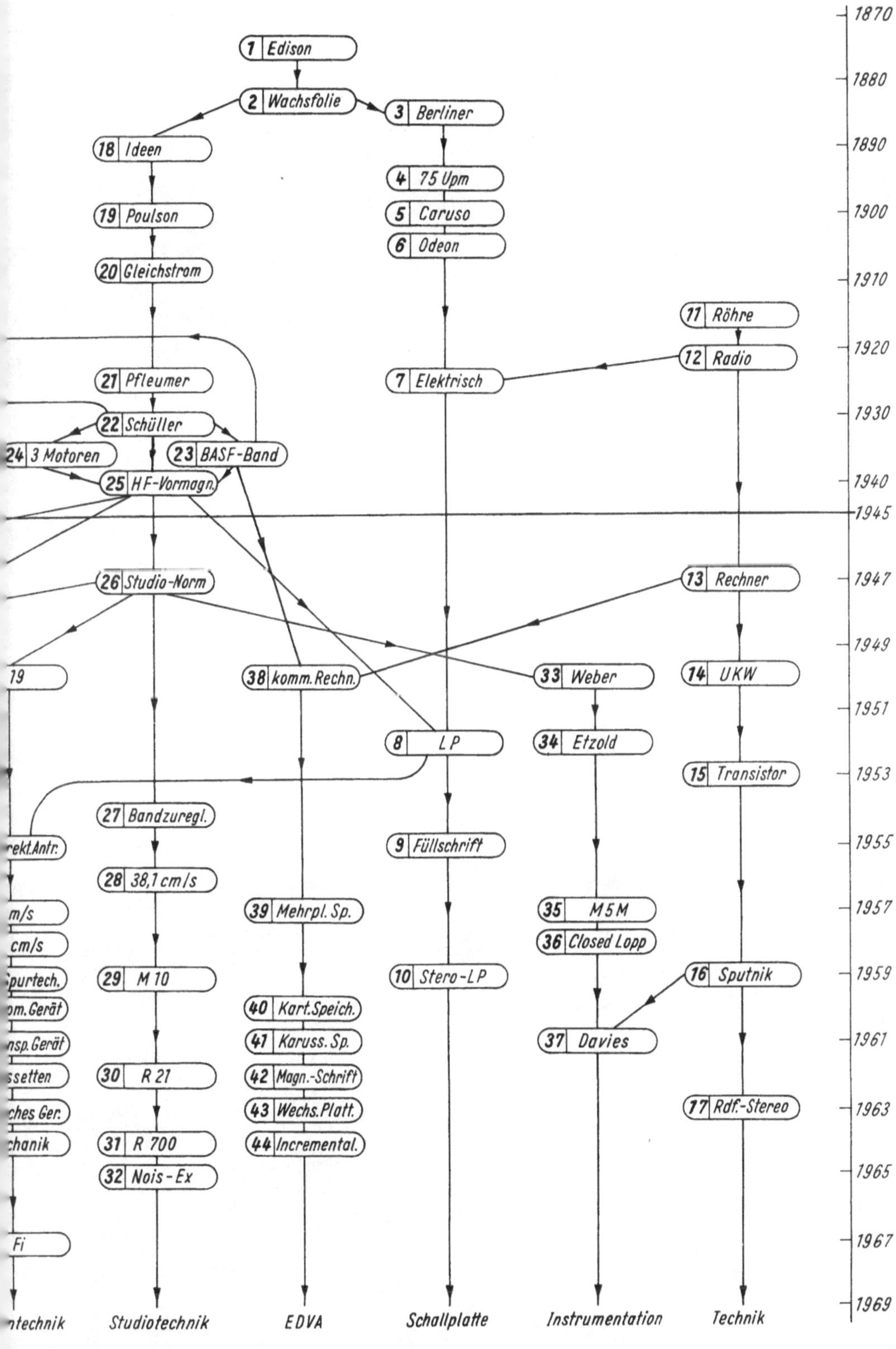

1870
1880
1890
1900
1910
1920
1930
1940
1945
1947
1949
1951
1953
1955
1957
1959
1961
1963
1965
1967
1969
1 Edison
2 Wachsfolie
3 Berliner
4 75 Upm
5 Caruso
6 Odeon
7 Elektrisch
8 LP
9 Füllschrift
10 Stereo-LP
11 Röhre
12 Radio
13 Rechner
14 UKW
15 Transistor
16 Sputnik
17 Rdf.-Stereo
18 Ideen
19 Poulson
20 Gleichstrom
21 Pfleumer
22 Schüller
23 BASF-Band
24 3 Motoren
25 HF-Vormagn.
26 Studio-Norm
27 Bandzuregl.
28 38,1 cm/s
29 M 10
30 R 21
31 R 700
32 Nois-Ex
33 Weber
34 Etzold
35 M5M
36 Closed Lopp
37 Davies
38 komm. Rechn.
39 Mehrpl. Sp.
40 Kart. Speich.
41 Karuss. Sp.
42 Magn.-Schrift
43 Wechs. Platt.
44 Incremental.
19
ekt. Antr.
m/s
cm/s
purtech.
om. Gerät
nsp. Gerät
ssetten
ches Ger.
chanik
Fi
ntechnik
Studiotechnik
EDVA
Schallplatte
Instrumentation
Technik

FSC
www.fsc.org
MIX
Papier | Fördert gute Waldnutzung
FSC® C083411

Zeitfracht Medien GmbH
Ferdinand-Jühlke-Straße 7
99095 Erfurt, Deutschland
produktsicherheit@kolibri360.de